德宏州工业原料植物遴选

泽桑梓　曾觉民　户连荣　季　梅　等　编著

科学出版社

北　京

内 容 简 介

本书是综合运用民族植物学、植物资源学和生态学的调查方法及手段，遵循"点、线、面"相结合的原则，开展德宏州重要工业原料植物的"立体式"系统调查、遴选。全书介绍的100余种生产原料植物是德宏地区具有发展优势的种类，且绝大多数是乡土植物，包括木材、油料、芳香油、淀粉、纤维、树脂与树胶、保健及新功能食品、观赏植物、鞣料、种质资源等具有工业开发价值的植物种类。全书结合地区的自然环境、社会经济、民族特色，对每种植物的区系要点、形态习性、地理分布、生态特征、资源利用、开发推广等内容作了切合生产实际的论述。从德宏地区遴选出能开发的资源植物，对助推地方经济、产业发展，保护生物多样性，保障生态文明建设成果，以及对该区域民族传统知识的传承和保护必将产生积极作用。

本书可作为德宏州植物资源产业开发利用的重要参考资料，为地方经济建设和发展的科学决策提供依据，也可作为全国生物资源开发利用的基础参考资料。

图书在版编目（CIP）数据

德宏州工业原料植物遴选 / 泽桑梓等编著 . —北京：科学出版社，2018.7
ISBN 978-7-03-054742-2

Ⅰ.①德… Ⅱ.①泽… Ⅲ.①化学工业－原料－植物－选择－德宏傣族景颇族自治州 Ⅳ.①TQ042②Q94

中国版本图书馆CIP数据核字（2017）第246395号

责任编辑：吴卓晶 张 星/责任校对：刘玉靖
责任印制：吕春珉/封面设计：北京睿宸弘文文化传播有限公司

科学出版社 出版
北京东黄城根北街16号
邮政编码：100717
http://www.sciencep.com

北京虎彩文化传播有限公司 印刷
科学出版社发行 各地新华书店经销

*

2018 年 7 月第 一 版 开本：B5（720×1000）
2018 年 7 月第一次印刷 印张：16 1/2
字数：333 000

定价：169.00元
（如有印装质量问题，我社负责调换〈虎彩〉）
销售部电话 010-62136230 编辑部电话 010-62143239（BN12）

作 者 简 介

  泽桑梓，1978 年生，硕士，四川犍为人，云南省林业有害生物防治检疫局副研究员、副局长。主要从事生物多样性保护与有害生物控制研究。2003 年 7 月毕业于原西南林学院（现为西南林业大学）生物技术专业，同年分配到云南省林业科学院，2004 年 8 月被评定为森林保护专业研究实习员，2009 年 12 月获原西南林学院农业推广硕士学位，2010 年 7 月被评定为森林保护专业助理研究员，2013 年 5 月任云南林业职业技术学院职业培训处（继续教育处）处长，2015 年 7 月任云南省林业有害生物防治检疫局副局长，同时获得副研究员资格。

  现作为项目负责人承担在研国家、省部级科研项目 5 项，参与完成 9 项；其中，承担国家自然科学基金项目"薇甘菊颈盲蝽化学通讯及其嗅觉相关基因克隆、功能分析"（编号：31360154）1 项、云南省应用基础研究面上项目"薇甘菊颈盲蝽对薇甘菊的控制机理研究"（编号：2010CD131）1 项、云南省质量技术监督局地方标准制订项目"松小蠹防治 施用粉拟青霉菌剂与打孔注药复合技术规程"1 项（已完成）。作为项目第二负责人或主要负责人承担科技部科技基础性工作专项重点项目"西南民族地区重要工业原料植物调查"（编号：2012FY110300）课题三"滇西地区重要工业原料植物调查"1 项，国家林业局林业公益性行业科研专项"云南松小蠹生物调控关键技术研究"（编号：201004067）、"林地薇甘菊生态控制关键技术研究"（编号：201204518）各 1 项，云南省社会发展科技计划"林业重大检疫性有害植物——薇甘菊区域减灾与持续治理技术试验示范"（编号：2012CH001）1 项，云南省政府专项"薇甘菊防治与预警监测（林业部分）"（云财农〔2008〕240 号）1 项。

  作为第一发明人申请发明专利 16 项，已授权 8 项；作为负责人或主要参与者编撰行业标准 1 项、地方标准 5 项（发布地方标准 2 项）；发表论文 80 余篇（第一作者或通讯作者，SCI 收录、核心期刊发表论文 30 余篇），编著《香格里拉森林及植物资源》专著 1 部（排名第 3），参编 *Advances in Medicine and Biology* 专著 1 部。

  获农业部丰收三等奖、云南省科技进步奖三等奖各 1 项（均排名第 3），文山州科技进步奖二等奖 2 项。

曾觉民，1941年4月生，硕士，四川三台人，中共党员，西南林业大学教授、研究生导师。云南大学植物生态学专业1962级研究生，毕业后先后在云南农业大学林业系和西南林业大学任教。自20世纪80年代任职教授以来，担任过林业系、经济林系系主任，学校督学，硕士生导师，北京林业大学和南京林业大学博士生副导师。在此期间，曾兼任中国经济林协会理事、中国茶桑协会理事、中国林学会森林生态分会理事、云南省生态经济学会副理事长、云南省生态学会常务理事、云南省植物学会理事、云南省治滇委员会理事等职务。退休至今仍从事教学和科研工作，从事大学本专科和研究生教育52年。

任教期间主讲过"普通生态学""森林生态学""植物区系地理学"等20余门研究生、本科生的课程，编写讲义700余万字。20世纪80年代～21世纪初先后培养研究生数十名，其中，硕士生21名，博士生2名。主持和参加国家级、省部级课题40余项。其中，主持"云南漆树资源调查研究""思茅松的生物生态学特性及其林学特征的研究""林农轮作制研究""西南山区农用林业模式研究"，以及云南元谋、昌宁、梁河、武定、石林等县区植被和植物资源的调查与研究等20余项，参加植被调查、树种与植物资源统计、生态环境建设等约30项。

个人撰写专著《香格里拉的森林和植物资源》《森林：生命之网》《哀牢山国家级自然保护区（碌嘉片区）的植被和植物资源》等12部；参与撰写的著作有《中国植被》《云南植被》《云南森林》等10余部。已发表论文逾100篇，译文8篇。

多年来，曾获得国家级、部级及地区级科技成果奖励21次，荣誉奖17次。1984～1985年2次获得林业部"教书育人成绩显著"奖，1990年获得国家民族、事务委员会等五部委和云南省政府共同授予的"全国民族团结进步先进个人"称号，1992年获国务院特殊津贴，1994年获"云南省有突出贡献优秀专业技术人才"称号。

户连荣，1981 年出生，硕士，山东郓城人，云南省林业科学院助理研究员。主要从事森林生态与保护研究。2008 年 7 月毕业于原西南林学院（现为西南林业大学）生态学专业，2009 年 9 月考入云南省林业科学院工作，2012 年 11 月被评定为森林培育专业助理研究员。

现作为项目负责人承担在研科研项目 4 项，参与完成 12 项；其中，承担云南省森林植物培育与开发利用重点实验室和国家林业局云南珍稀濒特森林植物保护与繁育重点实验室开放项目"萼翅藤不同药用部位的化学成分研究"（2013-9）1 项（已完成）、云南省外国专家局 2016 年度省级一般外国专家项目"松墨天牛引诱监测技术应用及评价"（编号：YN2016015）1 项、云南省质量技术监督局地方标准制订项目"免作穴造林技术规程"1 项（已完成）、云南省林业有害生物防治检疫局支持项目"抗枝瘿姬小蜂赤桉无性系繁育与示范推广"1 项，作为项目第二负责人承担云南省科技计划项目"诱导剂对牛樟芝发酵生物合成三萜类化合物的影响"（编号：2016FD096）1 项，主要参与项目有国家林业局林业公益性行业科研专项"林地薇甘菊生态控制关键技术研究"（编号：201204518）、科技部科技基础性工作专项重点项目"西南民族地区重要工业原料植物调查"（编号：2012FY110300）课题三"滇西地区重要工业原料植物调查"、云南省社会发展科技计划"林业重大检疫性有害植物——薇甘菊区域减灾与持续治理技术试验示范"（编号：2012CH001）、中央财政林业科技推广示范资金项目"APF-I 型松墨天牛化学诱剂推广示范"〔2015〕TZYN08 号、云南省林业科技创新项目"云南核桃主要病害虫害种类及危害评价"等。

作为主要发明人已经获得授权专利 6 项，作为负责人或主要参与者编撰地方标准 5 项（已有 2 项地方标准审查通过），发表论文多篇。

季梅，云南省林业科学院，研究员，从事森林保护研究。2008年获国家外国专家局授予的"国家引进国外智力先进个人"荣誉称号；获2008年度云南省科技进步二等奖1项、2013年度云南省科技进步三等奖1项；2013年入选云南省技术创新人才培养对象；2016年获"云南省三八红旗手"称号。2008年以来，共主持项目11项，其中国家林业公益性行业科研专项项目1项、948项目1项；云南省科技厅社会发展科技计划项目1项；云南省政府专项课题3项；云南省地方标准制修订计划项目2项；云南省外专局项目3项。主笔撰写论文30余篇，参编专著1部，获国家发明专利5件、实用新型专利3件、外观设计专利1件，主笔或参与起草了7项地方标准和1项林业行业标准。

资 助 项 目

国家科技基础性工作专项重点项目"西南民族地区重要工业原料植物调查"（项目编号：2012FY110300）

林业科技发展项目——生物安全与遗传资源管理项目"云南省林业外来物种调查与研究"（项目编号：KJZXSA2018017）

德宏州工业原料植物遴选
编委会

工业原料植物为人类的生产生活提供第一性能量物质的保障和创建美好生态环境的基础。凡于社会进步有益并有工业开发利用价值的植物都是工业原料植物。因受条件的限制，尚有不少工业原料植物未形成规模栽培和商品生产；工业原料植物若被引种驯化与栽培，形成一定面积的种植基地，使其产品市场化、商品化、工业化，便可产生社会经济效益，形成产业。如此，将工业原料植物引入驯化，开发利用，提供生产生活原料，以及使植物资源商品化，推动社会经济发展，是人们开拓和利用潜在的工业原料植物资源，保障资源植物不致灭绝，且能持续推进社会经济发展的必然途径和愿望。

德宏傣族景颇族自治州（简称德宏州）地处祖国西南边陲，是云南省8个少数民族自治州之一，三面与缅甸接壤，国境线长达503.8km，总面积11 526km²，辖芒市、瑞丽市2市，梁河县、盈江县、陇川县3县，现有人口127.9万人，有彝族、白族、傣族、壮族、苗族、回族、傈僳族、拉祜族、佤族、纳西族、瑶族、藏族、景颇族、布朗族、布依族、阿昌族、哈尼族、锡伯族、普米族、蒙古族、怒族、基诺族、德昂族、水族、满族、独龙族等少数民族分布，主要以傣族、景颇族、德昂族、傈僳族、阿昌族、佤族为主。德宏州自然环境优美，历史文化灿烂，民族风情独特，地处横断山脉南部，高黎贡山以西，位于东经97°31′～98°43′，北纬23°50′～25°20′，地势西北高，东南低，属南亚热带低纬度季风雨林气候，冬无严寒，夏无酷暑；雨量充沛，干湿季分明；气温年较差小，日较差大；年平均气温18.4～20℃，年积温6400～7300℃，年降水量1400～1700mm，全州平均年无霜期280d以上，干旱指数为0.4～1.2，土壤呈微酸性，形成花开四季、果结终年的全天候环境，是国内适宜生物快速生长的宝地。德宏州海拔210～3404.6m，高差3194.6m，其中海拔1100m以下热层占33.56%，海拔1100～2200m地带占全州土地面积的60.62%，山地地形的巨大起伏变化、沟谷纵横，形成丰富多彩的景观和植被，在山区呈现明显的气候—土壤—植被的垂直带变化，展示出从低海拔的热带雨林（季节性雨林、沟谷雨林）、季雨林到山地常绿阔叶林（季风常绿阔叶林、中山湿性常绿阔叶林、山地苔藓常绿矮林）、竹林、暖性松林、灌丛、草地等植物群落类型的系列变化。其中，季节性雨林和季风常绿阔叶林被视为地带性植被类型。丰富的森林类型为资源植物的生存和发展提供了适宜的空间。加之该地区与东南亚毗连，与印马泰植物区系交汇，提升了植物区系的复杂性和资源植物的多性化。海拔 1100 ～ 2200m 地带非常适宜发掘工业原料植物进行产业开发，该区域是我国半常绿季雨林最有代表性的地区，全州生物多样性丰富，有高等植物 6033 种，其中食用野菜（含真菌、苔藓、地衣）213 种，野果 46 种。德宏州的民族多样性及植物物种多样性，形成了对资源植物多民族多途径的利用方式，为发掘遴选工业原料植物积淀了丰富的知识原型。

《云南德宏州高等植物》（刘世龙、赵见明主编，科学出版社）一书收录了高等植物 339 科 6033 种（含变种、亚种、变型），其中原生植物 5349 种，栽培植物 684 种（包括最近引进栽培的 57 种）。如此众多的植物种类和资源是利用和开发的坚实基础。无论是按《中国经济植物志》（中国科学院植物研究所主编，科学出版社）的十大类资源植物划分，还是按吴征镒先生（1983）五大类植物资源的划分，这些种类在本书中都全面涉及。随着时代的进步，本书中推荐的内容将成为人们对植物资源开发延伸和拓展的基石。

限于作者的学识和理解水平，书中难免有不足和疏漏之处，恳切希望读者和同行予以批评指正。

作　者

2017 年 9 月

目 录

一、琴叶风吹楠

学名：*Horsfieldia pandurifolia* Hu。

异名：埋张补（傣语）、播穴（哈尼语）、多勒啪（基诺族语）、Le gang pun（景颇语）。

科属：肉豆蔻科 Myristicaceae，风吹楠属 *Horsfieldia*。

标本来源：芒市、瑞丽、盈江山地，海拔 800m 以下，沟谷雨林、山地原生老林，伴生树种有杜鹃叶榕、光叶桑、普文楠、木瓜榕等。

形态和习性：常绿乔木，高达 24m，胸径 45cm；树皮灰褐色，纵裂；小枝粗状，几无毛。叶片坚纸质，单叶互生，提琴形或倒卵状长圆形，长达 34cm，宽至 10cm；先端短渐尖或突尖，光滑；侧脉（9）12 ~ 22 对，网状，不明显；叶柄粗壮，长达 3cm。花序呈复合圆锥状，疏散无毛，花序轴紫红色；小花卵球形，花被裂片 4，稀 3；雄蕊 10 枚，合生成球形。果为核果，椭圆形，黄褐色，皮光滑；假种皮鲜红，种子卵球形，顶端突出，直径 1.6 ~ 1.8cm；种皮硬壳质、灰白色、光滑，具有脉纹和淡褐色斑块，基部偏生，具卵形疤痕。

花期 5 ~ 7 月，果期 4 ~ 6 月。

地理分布和生境：风吹楠属是热带树种肉豆蔻科中的多种属，有 90 余种，属于亚洲热带植物区系类型。主要分布区在南亚，自印度至伊里安岛及东南亚诸国。我国共有 5 种，于海南、广西、云南等地分布。云南有 4 种，在滇西南的德宏地区都有生长。它们是风吹楠（*H. glabra*）、大叶风吹楠（*H. kingii*）、琴叶风吹楠、滇南风吹楠（*H. tetratepala*）。其中后两种是国家三级保护珍稀树种，第二种是省级保护树种。琴叶风吹楠是滇南至滇西南分布较广的树种，在德宏州的芒市、瑞丽、盈江等地区海拔 500 ~ 800m 的沟谷和山地密林中均有生长，但数量并不多。

资源利用：琴叶风吹楠是一种热带油料植物，据许玉兰等（2010）检测，其种子含油率为 52.48% ~ 71.09%，以十四碳酸的固体油物质为主；种子油中含有 17 种脂肪酸，含量较高的几种分别是十四烷酸（70.19%）、十四碳烯酸（20.37%）、十八碳烯酸（3.95%）、十六烷酸（2.30%）、十八碳二烯酸（1.20%）、十二烷酸（0.63%），其他脂肪酸含量极低。琴叶风吹楠的油脂中饱和脂肪酸占 73.51%，远高于不饱和脂肪酸的含量，是一种重要的能源植物，也是重要的工业原料，广泛用于合成化妆品、医药、香料、杀虫剂。另据中国科学院西双版纳热带植物园对采自景洪的种仁进行分析，其含油率达 56.2%，油的折光率（60℃）为 1.4452，比重（20℃）

为 0.9145，碘值为 5.9，皂化值为 251.2，酸值为 2.8，不皂化物为 0.4%。脂肪酸的组成（%）如下：辛酸 0.4、癸酸 2.8、月桂酸 39.6、肉豆蔻酸 52.2、棕榈酸 3.2、油酸 1.3、亚油酸 0.5。

琴叶风吹楠种仁油不仅含油率高，还因富含月桂酸、肉豆蔻酸，而在工业上用作重要的机械润滑油和增黏降凝添加剂，当然也是制皂的理想原料。尤其，肉豆蔻酸是合成防冷凝剂、肉豆蔻酸酯和肉豆蔻酸异丙酯的重要原料，中国一直依赖进口。

琴叶风吹楠生长迅速，材积量高，木材较轻柔，创面光滑，是很好的箱柜材；若加防腐处理，可用作建筑板材。

开发推广：琴叶风吹楠是热带雨林上层乔木树种，选择适宜的立地条件，用点播或条播育苗造林方法均可。种子于成熟时采收，随采随播，苗圃育苗一年生即可移植。苗木的侧根和须根不发达，会影响移栽时的成活率。若用营养钵育苗，带土定植，则可保证较高的成活率。成活苗木生长快，发育也快，5 年生树高 5m，胸径 10cm，已能开花结实。

考虑琴叶风吹楠的珍稀特性和生产特种用途工业用油的价值，以及德宏地区适宜的立地环境，可以考虑将其开发推广。

花、叶

果

树冠

植株

二、大叶风吹楠

学名：*Horsfieldia kingii*（Hk. f.）Warb.。

异名：无。

科属：肉豆蔻科 Myristicaceae，风吹楠属 *Horsfieldia*。

标本来源：瑞丽珍稀植物园，海拔 1100m，花岗岩峡谷密林中，伴生树种有杯状栲、滇西紫树、重阳木等。

形态和习性：乔木，高 6～10m；小枝髓中空，皮层棕褐色，幼时光滑，疏生长椭圆形小皮孔，无毛。叶坚纸质，倒卵形或长圆状倒披针形，长（12）28～55cm，宽（5）15～22cm，先端锐尖，有时钝，基部渐狭，呈宽楔形，除有时中肋被微柔毛外，其余两面无毛；侧脉 14～18 对，中肋表面下陷成深沟槽，背面微隆起，侧脉至近边缘处多数分叉网结，第三次小脉稀疏，近平行，互相网结，几不明显；叶柄长（1.5）2.5～4cm，宽 2～3（5）mm，具深沟槽，无毛。雄花序腋生或通常从落叶腋生出，长 9～15cm，被疏而短的微绒毛，分枝稀疏，花几成簇，球形；花梗细，略与花等长或近等长；花被 2～3 裂，裂片阔卵形，先端锐尖；花药 12 枚，合生成球形；雌花序短，长 3～7cm，多分枝，花近球形，比雄花大，不密集；花被片 2 或 3 深裂；子房倒卵球形，被绒毛，柱头无柄。果长圆形，两端渐狭，长 4～4.5cm，中部直径约 2.5cm，盘状花被裂片肥厚，宿存，围绕在果的基部，果外面无毛；果皮厚，革质；假种皮薄，完全包被种子；种子长圆状卵球形，顶端微尖；种皮厚，光滑无毛，具光泽，褐色。

果期 10～12 月。

地理分布和生境：大叶风吹楠属于云南省三级保护植物，产于云南盈江、瑞丽、芒市、沧源、景洪等地。生于海拔 800～1200m 的沟谷密林中。锡金、印度东北部、孟加拉也有分布。

本种的叶在国产种中最大，呈上部最宽、下部渐狭的倒卵形或长圆状披针形，花被裂片 2～3，果实具宿存肥厚的盘状花被管等特征，易于区别。

资源利用：种仁含油率高于 50%，可作工业原料用油。

开发推广：可以作为珍稀特种油料植物、珍贵用材加以推广种植。

叶（正面）

叶（背面）

枝叶

植株

标本

三、风吹楠

学名：*Horsfieldia glabra* (Bl.) Warb.。

异名：埋央嬢（云南西双版纳傣语）、枯牛（云南西盟佤语）、丝迷啰（云南澜沧拉祜语）、霍而飞（广西）、荷斯菲木（广东）、桃叶贺得木（云南）。

科属：肉豆蔻科 Myristicaceae，风吹楠属 *Horsfieldia*。

标本来源：瑞丽市莫里热带雨林景区，海拔 761m，花岗岩沟谷密林中，伴生树种有光叶桑、杜鹃叶榕、普文楠、木瓜榕等。

形态和习性：乔木，高 10～25m，胸径 20～40cm；树皮灰白色；分枝平展，稀下垂，小枝褐色，从枝端开始近无毛，具淡褐色卵形皮孔。叶坚纸质，椭圆状披针形或长圆状椭圆形，长 12～18cm，宽 3.5～5.5（7.5）cm，先端急尖或渐尖，基部楔形，两面无毛；侧脉 8～12 对，表面略显，背面微隆起，第三次小脉不明显；叶柄长 1.2～1.8cm，无毛。雄花序腋生或从落叶腋生出，圆锥状，长 8～15cm，几无毛，分叉稀疏；苞片披针形，被微绒毛，成熟时脱落；花几成簇，近平顶圆球形，与花梗近等长，无毛，长 1～1.5mm；花被 2 裂，通常 3 裂，稀 4 裂，无毛；雄蕊聚合成平顶球形，雄蕊柱有短柄；花药（10）12～15 枚；雌花序通常着生于老枝上，长 3～6cm，无毛；花梗粗壮，长 1.5～2mm；雌花球形，约与花梗等长或略短；花被裂片 2；柱头在子房顶端近盘状，花柱缺，子房无柄，无毛。果序长达 10cm；果成熟时卵圆形至椭圆形，长 3～3.5（4）cm，直径 1.5～2.5cm，橙黄色，先端具短喙，基部有时下延成短柄；花被裂片不存在；果皮肉质，厚 2～3mm；假种皮橙红色，完全包被种子，有时顶端成极短的覆瓦状排列的条裂；种子卵形，干时淡红褐色，平滑；种皮脆壳质，具纤细脉纹，有光泽；珠孔在中部以下，至基部具显著的宽线形疤痕，痕长 1～1.5cm。

花期 8～10 月，果期 3～5 月。

地理分布和生境：产于云南（南部、东南部、西南部至西部）、广东、海南、广西（西南部）。生于海拔 140～1200m 的平坝疏林或山坡、沟谷密林中。从越南、缅甸至印度东北部和安达曼群岛有分布。

资源利用：种仁含油率 61.99%，主要脂肪酸以十四烷酸（肉豆蔻酸）和十二烷酸（月桂酸）为主，占总脂肪酸含量的 90% 以上；总脂肪酸中二十碳以下的脂肪酸含量都在 99% 以上，是比较理想的生物柴油的原料，可以作为新能源植物在其分布区域推广种植。

开发推广：可以作为新能源植物、珍贵用材加以推广种植。

叶

生境

枝叶

四、滇南风吹楠

学名：*Horsfieldia tetratepala* C. Y. Wu。

异名：贺得木、霍斯菲木、争光树、埋扎伞（傣语）、播穴黑（哈尼语）、多勒啪莫（基诺语）。

科属：肉豆蔻科 Myristicaceae，风吹楠属 *Horsfieldia*。

标本来源：盈江、梁河海拔 500m，花岗岩沟谷密林中。

形态和习性：常绿乔木，高达 30m，胸径至 50cm，树皮灰白色；分枝常集生树干顶端，枝梢下垂。叶薄革质，单叶互生，通常无毛，呈长圆形或倒卵状长圆形，长达 35cm，宽至 13cm，先端短渐尖，基部宽楔形；侧脉（12）14 ～ 22 对，网状脉不明显；叶柄长 2 ～ 2.5cm。花序呈复合圆锥花序，疏散；花序轴、花梗、花蕾均被锈色树枝状毛，后渐脱落；花小，花被（2）3 ～ 4 裂；雄花 3 ～ 6 朵簇生，球形，雄蕊 10 ～ 30 枚。果椭圆形，橙黄色，长至 5cm，基部偏斜，有粗柄和宿存的盘状花被裂片，果皮近木质，厚 0.4cm。假种皮橙红色，种子椭圆形，长至 4cm，种皮淡黄褐色，疏生脉纹，疤痕长。

花期 4 ～ 6 月，果期 11 月至翌年 4 月。

地理分布和生境：滇南风吹楠为云南特有树种，列为国家三级保护珍稀植物。生长于滇南的富宁、马关、河口、金平、绿春、勐腊、景洪、勐海、澜沧、孟连、沧源、耿马、双江、景谷，海拔 300 ～ 650m 的沟谷密林中，西至滇西南保山龙陵及德宏州的瑞丽、芒市、陇川、盈江等县区内，其分布海拔升至 1820m 的沟谷密林中。可见，滇南风吹楠属于典型的热带雨林树种，但在海拔较高的山地局部小环境中也有零星分布。

资源利用：经中国科学院昆明植物研究所测试，滇南风吹楠的种子含固体油量高达 57%。据中国科学院西双版纳热带植物园分析，勐腊产的种仁含油率为 34.1%，油的折光率（40℃）为 1.4530，比重为（40℃）0.9176，碘值为 8.1，皂化值为 249.9，酸值为 8.5，不皂化物为 0.3%。脂肪酸的组成（%）如下：辛酸 3.6、癸酸 4.8、月桂酸 41.5、肉豆蔻酸 39.1、棕榈酸 5.9、硬脂酸 0.4、油酸 3.2、亚油酸 1.5。

种仁含油量极为丰富，其油脂品质优良，是重要的工业用油，用于渗合机械润滑油起到增黏降凝作用。

枝叶

滇南风吹楠属大乔木树种，树干通直，大径材，出材率高，木材结构中等，可用作建筑、箱板原料。

开发推广：滇南风吹楠和同属的其他几种均属热带雨林（山地雨林、沟谷雨林、季雨林）的高大乔木树种，适宜热区湿热的立地条件，具有生长迅速、开花结果早的特性。本种属国家级保护珍稀树种在开发上结合景观建设，能够美化绿化环境，因此备受青睐。

繁殖采用直播或条播育苗移栽均可。种子随采随播，一年生苗木便可移栽；苗木根系发达，移栽成活率高，可达 95%。移栽定植 5 年生的树木高达 5m，胸径达 8cm，已能开花结实。

幼苗

五、红光树

学名：*Knema furfuracea* Warb.。

异名：埋好迈（西双版纳傣语）、叭佳（西双版纳哈尼语）、梭勒啪莫（基诺语）。

科属：肉豆蔻科 Myristicaceae，红光树属 *Knema*。

标本来源：瑞丽市莫里热带雨林景区，海拔 840m，沟谷原始热带雨林，伴生树种有八宝树、云南七叶树、勐仑翅子树等，聚生生长，达 20 株 /100m^2。

形态和习性：常绿阔叶乔木，高达 25m，胸径达 35cm，各部因含精油，略有香气；树皮灰白色，片状脱落，树皮和髓心周围有黄褐色浆汁。幼枝密被锈色糠秕状细柔毛，后变为无毛。叶近革质，宽披针形，长 30 ~ 55cm，宽 8 ~ 15cm；叶片先端渐尖，基部圆形或心形；幼叶背被毛，老时光滑，羽状侧脉两面隆起，24 ~ 35 对；叶柄长 1.5 ~ 2.5cm，密被锈色柔毛，稀无毛。雌雄异花，各部被锈色绒毛；花序腋生，总梗粗短；雄花倒圆锥形，小，裂片 3，雄蕊 10 ~ 13 枚；雌花几无梗。果序短，果皮厚，椭圆至球形，长 4cm，种子 1 ~ 2 粒，假种皮深红色，椭圆形，长 2 ~ 3cm；种皮壳质，脆，干时淡黄褐色，密被细沟纹。

花期 11 月至翌年 2 月，果期 7 ~ 9 月。

地理分布和生境：红光树是典型的亚洲热带森林树种，生长在泰国、中南半岛、马来半岛、印度尼西亚、伊里安岛北部和我国云南省南部及西南部，在德宏地区的芒市、瑞丽、陇川、盈江等市县均有分布，生长于海拔 500 ~ 1000m 的低山、沟谷阴湿密林中。同区生长的红光树属树种还有小叶红光树（*K. globularia*）、狭叶红光树（*K. cinerea* (poir) Warb var. *glauca* (BL.JY.H.Li)）和假广子（*K. erratica*）3 种，分布于山地沟谷茂密雨林中。

资源利用：吴裕等（2015）对红光树成熟种子进行脂肪酸成分分析，其含有 11 种脂肪酸，总含量为 96.51% ~ 99.27%，其中十四烷酸、十六烷酸和十八碳烯酸的总含量为 90.85% ~ 95.24%。已有研究表明，碳链长度在二十以下的脂肪酸与理想的生物柴油组分比较接近，是比较理想的生物柴油原料。十八碳烯酸是毛纺工业用于制备抗静电剂和润滑柔软剂的重要原料，十四烷酸是合成机械润滑油增黏降凝剂的重要原料，因此红光树种仁油具有较高的工业利用价值。

另据中国科学院西双版纳热带植物园分析，采自勐腊的红光树种仁含油量为 24.8%，油的折光率（40℃）为 1.4790，比重为（40℃）为 0.9558，碘价为 59.1，皂化值为 187.7，酸值为 5.7，不皂化物为 0.4%。其中，脂肪酸的组成（%）如下：月桂酸 0.4、肉豆蔻酸 56.8、棕榈酸 8.3、硬脂酸 0.9、油酸 30.0、亚油酸 1.2、亚麻酸 2.4。其他 3 种红光树种子含油量均在 25% 左右。红光树种仁油凝固点低，抗冻性能好，属于工业上的特殊用油。

红光树是速生树种，树干通直，尖削度小；年轮不清晰，木材色淡，灰白色；结构较细，纤维较粗，纹理直、较轻，易加工；创面光滑，通常用作板材，供室内装修或制作家具、包装箱、农具等；经防腐加工后，可用作建筑材。另外，树皮和髓心能分泌深红色树脂。

开发推广：在中国科学院西双版纳热带植物园和瑞丽珍稀植物园有过红光树的栽培，以种子育苗繁殖。8 ~ 9 月，采收成熟种子，除去假种皮，最好随采随播；也可沙床催芽,营养袋育苗。苗期注意适当遮阴。一年生树苗便可选择适宜立地造林。

叶（正面）　　　　　　叶（背面）

植株　　　　　　生境　　　　　　枝梢标本

六、大叶藤黄

学名：*Garcinia xanthochymus* Hook. f. ex T. Anders.。

异名：山木瓜、大叶山竹子、胶树、郭满大、郭埋檀（傣语）、歪脖子果、歪歪果（耿马）、歪屁股果（河口）、人面子、人面果（金平）、藤黄果（景洪）、饿饭果、Malula（傣语）、Manda（傣语）、Nan le mong xi（景颇语）。

科属：藤黄科 Guttiferae，藤黄属 *Garcinia*。

标本来源：瑞丽勐卯镇贺允村村旁林内，海拔 812m，树高 30m，伴生有木奶果、芒果、香蕉。该树或为原自然林的残存乔木树。

形态和习性：常绿阔叶大乔木树种，高达 30m，胸径达 45cm。树皮灰褐色，通常含黄色树脂。分枝细长，密集平展，且先端下垂，常披散重叠，小枝和嫩枝具有明显纵棱。单叶，对生，两列；厚革质，有光泽；长椭圆形，长达 30cm，宽至 10cm 有余；中脉粗状，两面突起，侧脉密集，多达 40 对，网脉明显；叶柄粗壮，基部断面马蹄形，略抱茎；枝顶端的 1 ~ 2 对小叶叶柄常呈玫瑰红色。伞形花序，总梗长 1cm，有花 5 ~ 10 朵，两性，5 数，花瓣黄色；雄蕊多数，合生成 5 束；子房圆球形，5 室。浆果球形，成熟时黄色，皮光滑，顶端突尖、歪斜；柱头、萼片等均常宿存。种子 1 ~ 4 粒，卵球形，光滑，棕褐色。

花期 3 ~ 5 月，果期 8 ~ 11 月。

地理分布和生境：大叶藤黄是东南亚缅甸、泰国、柬埔寨、越南、安达曼群岛等地区热带雨林中的广布树种。我国的广西南部和云南的临沧、红河、西双版纳、德宏等州县的季节性雨林、山地雨林、沟谷雨林中也为广布。在德宏州的芒市、陇川、盈江、瑞丽等地海拔 1400m 以下的森林中常有分布。在村寨四旁还有保存和种植的大树，果实可食，味甜酸。藤黄属是多种大属，共有 450 余种，属热带植物区系，且以亚洲热带分布为主。云南产 13 种，德宏州有 9 种，它们是大苞藤黄（*G. bracteata*）、怒江藤黄（*G. nujiangensis*）、大果藤黄（*G. pedunculata*）、红萼藤黄（*G. rubrisepala*）、双籽藤黄（*G. tetralata*）、大叶藤黄（*G. xanthochymus*）、云树（*G. cowa*）、山木瓜（*G. esculenta*）、云南藤黄（*G. yunnanensis*），分别生长在盈江、瑞丽、陇川、芒市等市县的沟谷雨林、季节雨林之中。大苞藤黄、怒江藤黄、云南藤黄分布在海拔 1600 ~ 1700m 的山地季风常绿阔叶林的过渡带上线。

资源利用：作为新能源植物，中国科学院西双版纳热带植物园对采自勐腊的种仁进行分析，其含油率为 17.7%，折光率（40℃）为 1.4615，比重（40℃）为 0.9497，碘值为 83.6，皂化值为 169.1，酸值为 36.6，不皂化物为 8.8%。其中，脂肪酸的组成（%）如下：棕榈酸 43.1、硬脂酸 0.5、十六碳烯酸 5.9、油酸 48.8、亚油酸 1.7。另据中国科学院广西植物研究所对采自广西那坡的种仁进行分析，其含油量为 24.1%。

大叶藤黄是我国传统的傣药之一，可作为制药原料，季丰等（2012）从大叶藤黄茎皮中分离到二苯甲酮衍生物、黄酮、三萜、𠮶山酮类、木犀草素、槲皮素、山柰酚等化合物。药理研究发现大叶藤黄具有较广的生物活性，如抗菌、消炎、保护心血管、抗细胞毒素、抗癌、抗肿瘤、抗人类免疫缺陷病毒 HIV、抗氧化等。其茎叶和果的浆汁苦、酸、凉，用于驱虫和治蚂蟥入鼻；从其果分泌的树脂中可以分离到大叶藤黄醇，其具有较强的抗菌活性，对粪链球菌和肺炎杆菌的抗菌作用强于四环素。

当地人称大叶藤黄为山土瓜、大叶山竹，其果实成熟后酸甜可口，可作保健品和食品增补剂；其树皮含黄色树脂，民间用作驱虫药物，佛教僧侣用作给袈裟上色的主要染料；其木材淡黄，结构细密，是家具与建筑用材；当地还用作庭院观赏树种布置园林。

在上述本地区生长的 9 种藤黄中，大叶藤黄种仁的含油量达 58%；大果藤黄、云树、云南藤黄等的果实酸甜可食；红萼藤黄、云树等的树形秀丽，是优美的庭院树种；怒江藤黄、大苞藤黄、云南藤黄、大叶藤黄等的木材优良，是建筑、家具、胶合板、装饰、雕刻等多种用材树种；云南藤黄是珍稀物种，已列为国家重点保护树种。

开发推广：大叶藤黄的生态适应性较广，虽然在热区广布，但以热带雨林、季节雨林中最常见。最适宜高温高湿的气候条件，自然分布对钙质土壤有偏好。大面积造林未见报道，但用作四旁、庭院、果树、药材等种植则有多项实践。

该树种用种子繁殖，在秋后果实成熟，采果除去果肉后，用湿沙或草木灰搓净假种皮，洗净阴干混沙储藏，或者随采随播。播前用温水浸种 24h，用高锰酸钾溶液消毒洗净条播；播后覆草，保持土壤湿润；出苗后，在苗期应适当遮阴。一年生苗便可移栽。

本树种培育的方向，除采种子榨油外，木材、果实、树脂等均可应用，还可作为庭院绿化树种，故有广泛的开发推广价值。

枝、叶、果

植株

七、大果藤黄

学名：*Garcinia pedunculata* Roxb.。

异名：具梗藤黄、奇尼昔（云南瑞丽景颇语）、Shiman shi（景颇 - 载瓦）。

科属：藤黄科 Guttiferae，藤黄属 *Garcinia*。

标本来源：瑞丽南卯湖公园，海拔 785m，树高 12m 乔木大树。

形态和习性：乔木，高约 20m；树皮厚，栓皮状。叶片坚纸质，椭圆形、倒卵形或长圆状披针形，长（12）15 ~ 25（28）cm，宽 7 ~ 12cm，顶端通常浑圆，稀钝渐尖，基部楔形，中脉粗壮，在上面微下陷，在下面隆起，侧脉整齐，斜升，9 ~ 14 对，第三次级脉几平行，互相连接，几不明显，叶柄长 2 ~ 2.5cm。花杂性，异株，4 基数；雄花序顶生，直立，圆锥状聚伞花序，长 8 ~ 15cm，有花 8 ~ 12 朵，总梗长 3 ~ 6cm；花梗粗壮，自上至下渐细，长 3 ~ 7cm，宽 3 ~ 7mm；萼片阔卵形或近圆形，厚肉质，边缘膜质；花瓣黄色，长方状披针形，长 7 ~ 8mm，

叶（正面）

叶（背面）

雄蕊合生成 1 束，几无花丝或靠近退化雌蕊的少数几枚具短的花丝，束柄头状，长约 3mm，包围退化雌蕊，花药多数，退化雌蕊呈圆柱状楔形，稍有棱，柱头盾形，具不明显的瘤突；雌花通常成对或单生于枝条顶端；花梗粗壮，长 3.5 ~ 4.5cm 或更多，宽 5 ~ 6mm，微四棱形，基部具半圆形苞片 2；子房近圆球形，8 ~ 10 室，柱头辐射状，8 ~ 10 裂，上面具乳头状瘤突；退化雄蕊基部联合成 1 轮，包围子房，80 ~ 100 枚，上端部分分离。果大，成熟时扁球形，两端凹陷，直径 11 ~ 20cm，黄色，光滑，果柄长 5 ~ 6cm，有种子 8 ~ 10 粒。种子肾形，假种皮多汁。

花期 8 ~ 12 月，果期 12 月至翌年 1 月。

地理分布和生境：产云南西部（瑞丽、芒市、盈江），生于低山坡地潮湿的密林中，海拔 250 ~ 350（1500）m。孟加拉北部和东部也有分布，有时也栽培。

　　资源利用：果实中间部分及多汁的假种皮呈橙红色，当地群众常食用，味颇酸，可作为保健及新功能食品原料；茎皮和大叶藤黄富含类似药用成分，可作为制药原料；也可作为庭院绿化观赏树种。

　　开发推广：可作为保健及新功能食品原料植物，也可作为庭院绿化植物推广种植。

花枝

果

熟果

枝叶

植株

八、云南藤黄

学名：*Garcinia yunnanensis* Hu。

异名：小姑娘果、吗给安（佤语）。

科属：藤黄科 Guttiferae，藤黄属 *Garcinia*。

标本来源：瑞丽珍稀植物园，海拔 1170m，树高 3m 乔木。

形态和习性：乔木，高达 20m，胸径约 30cm。枝条粗壮，髓心小，中空，小枝微粗壮，具皮孔，节间较短，灰褐色，具不规则的纵条纹。叶片纸质，倒披针形、倒卵形或长圆形，长（5）9～16cm，宽 2～5cm，顶端钝渐尖、突尖或浑圆，有时微凹或 2 裂状，基部楔形下延，边缘微反卷，中脉在上面下陷、在下面隆起，侧脉和网脉纤细，两面明显，侧脉多而密，30～36 对，斜升，至边缘处连接；叶柄长 1～2cm。花杂性，异株。雄花为顶生或腋生的圆锥花序，长 8～10cm，总梗具明显的关节，基部有时具苞叶 2 枚；花直径 0.8～1cm；花梗粗壮，

花枝

花序

长 3～5mm，基部具对生的钻形苞片 2 枚；花瓣黄色，与萼片等长或稍长；雄蕊合生成 4 束，与花瓣对生，束柄粗壮，微扁，下部较宽，长约 3mm，每束有花药 60～70 枚，无柄，集生成头状，退化雌蕊半球形，微有棱。雌花序腋生，圆锥状，长约 10cm，退化雄蕊 4 束，每束花药仅 15～20 枚（有时其中少数几枚能育），短于雌蕊，束柄长 1.5～2mm；子房无柄，陀螺形，4 室，每室胚珠 1，柱头盾形，4 裂，高 2.5～3mm。幼果椭圆形，外面光滑无棱，柱头宿存，盾形呈 4 裂片状。

花期 4～5 月，果期 7～8 月。

地理分布和生境：产云南西南部（瑞丽、盈江、芒市），属于国家重点保护植物。生于丘陵、坡地的杂木林中，海拔 1300～1600m。

资源利用：果成熟后味酸甜，当地民族喜食用，可作为保健及新功能食品原料开发保健果蔬饮料；木材淡黄色，结构致密，可作为建筑用材。

开发推广：可作为保健及新功能食品原料植物，也可作为庭院绿化植物推广
种植。

| 果枝 | 熟果枝 | 果实 |
| 花、叶、果 | 枝叶 | 植株 |

幼树

九、铁力木

学名：*Mesua ferra* L.。

异名：三角子、埋波嘟、梅播嘟、南满波嘟、Mai gan guo（傣语）、铁栗木、铁棱。

科属：藤黄科 Guttiferae，铁力木属 *Mesua*。

标本来源：瑞丽珍稀植物园，海拔 1120m，山坡，花岗岩，砖红壤，人工林，成片生长。

形态和习性：常绿大乔木，高达 30m；树干端直，树冠圆锥形，常有板根；树皮薄，灰褐色，老皮薄片状开裂，内部淡红色，创伤处渗出带香气的白色树脂；嫩枝鲜红褐色，后变暗绿色。单叶对生，幼时带红色，老时暗绿色，硬革质，具透明斑点；通常下垂，长达 10cm 以上，宽 1～4cm，披针形，先端渐尖，基部楔形；叶背常被白粉，侧脉极多数，纤细，不明显；叶柄长 0.5～0.8cm。花两性，1～2 朵顶生或腋生，直径 5～6cm，花瓣白色，4 数；雄蕊多数，分离，花丝丝状，子房 2 室。蒴果卵球状或扁球形，坚硬，长 3cm；干后 2 瓣裂。种子 1～4 粒，褐色，有光泽，坚而脆。

花期 3～5 月，果期 8～10 月；有花、果同存现象。

地理分布和生境：铁力木原产热带亚洲，在亚洲南部至东南部，包括印度、斯里兰卡、孟加拉国、泰国、缅甸、越南等，经马来半岛至中南半岛均有分布。分布区的年平均气温在 21℃以上，几无霜冻，年降水量超过 1500mm。要求土层深厚的酸性砖红壤，包括岩溶地段的土壤。在我国，主要在滇西南和滇南分布，广东和广西也有少量栽培。在德宏州的瑞丽、畹町、陇川、梁河等市县和相邻的耿马、沧源等县的低山坡地，海拔 500～600（1000）m 分布较多，包括一定面积的人工林和逸生林。伴生树种常见印度栲、高榕、番龙眼等。

资源利用：铁力木属国家二级保护植物，是一种多用途树种，其花、枝叶、种子已在其他亚热带主产国，如印度、缅甸广泛运用于制药、化妆品、家禽饲料等领域，如花和叶可制作用于治疗发烧、痢疾、鼻炎、精神分裂等病症，以及作为蛇药、驱虫剂的原料，其种子可用于治疗湿疹、风湿病。

铁力木的种子油是优良的工业用油。成年树单株产种量一般为 50～100kg，因结实量大，产油量也高，其种仁油脂在我国主要作为制作肥皂或傣家寺院点佛灯之用；鲜花经水蒸馏可得铁力木花精油，精油呈无色透明液体，出油率达

0.11%，内含 30 多种化学成分，主要成分为 β- 马榄烯，占总量的 36.39%，其次为 β- 芹子烯，占总量的 31.14%，其花油是一种天然的调香原料；其花朵也是很好的蜜源；树干创伤渗出的树脂，同样是天然的调香原料，可提供芳香油和浸膏，可用于日用化工调制香料、化妆品等。

据中国科学院昆明植物研究所对采自瑞丽的铁力木种仁进行分析，其含油率达 74.0%，折光率（20℃）为 1.4768，比重（20℃）为 0.9299，碘值为 91.2，皂化值为（92.0），酸值为 13.0。其脂肪酸的组成（%）如下：癸酸微量、月桂酸微量、棕榈酸 16.8、硬脂酸 5.0、油酸 48.4、亚油酸 29.7。另据中国科学院西双版纳热带植物园对采用勐腊的种仁进行分析，其含油量达到 79%。

铁力木材质坚硬，比重达 1.16，结构均匀，纹理致密，木材含较多油脂，心材暗红色。具有强度大、耐磨损、抗腐蚀、防虫蛀、抗白蚁等特点，不易锯刨，但刨面光滑，色泽雅丽，可供制造高档家具，是高级建筑、特种雕刻、抗冲击器具、珍贵镶嵌和高级乐器等最理想的经久耐用良材。房屋建筑方面常用作梁柱、地板、搁栅、木瓦等，造船方面用作渔轮的骨架（龙骨、龙筋、肋骨及首位柱）、舵杆、轴套及尾轴筒，乐器制作方面可以替代进口红木作二胡杆盒、线把及小提琴的弓，工业方面用作机身、车辆、舵轴、机轴、齿轮、高级运动器材、高级乐器等特种用材。另外，铁力木四季常青，老叶浓绿，幼叶鲜红，叶背粉白，花大香浓，树冠优美呈圆锥状，四季鲜艳雅丽，具有较高绿化观赏价值，是热区优良的庭院绿化树种。

开发推广：铁力木用途广泛，而且品质优秀、易繁育。在滇西南的热带北缘区域，包括芒市、瑞丽、陇川、盈江、梁河等市县海拔 600 ～ 1000m 地段均可栽植造林。

铁力木的繁殖方法有扦插、播种和组织培养等多种。以播种繁殖为主，9 ～ 10 月果实成熟，种子千粒重 1370 ～ 2000g，发芽率为 80% ～ 90%。可随采随播，也可用湿润的细沙分层储藏至翌年春播。苗圃宜选择向阳缓坡地，土壤为疏松肥沃的酸性砂壤土。播种后覆草搭荫棚，每天浇水一次，15d 后即可出芽，1 ～ 2 年生幼树即可移苗造林。若每亩（1 亩 ≈666.67m²）播种 30 ～ 40kg 种子，可产苗 1.2 万 ～ 1.5 万株。移栽苗木时选择雨季之初，苗木须剪去部分枝叶，以减少水分蒸腾，提高成活率，并注意遮阴和防治病虫害。铁力木生长缓慢，尤其是在幼树阶段，2 年生高 50 ～ 70cm，10 年生之后树木才逐渐开花结实，50 ～ 100 年生才进入成熟采伐年龄。

铁力木树冠优美，枝叶茂盛，四季常青，具有落叶少、抗风力强等优点，适宜种植于庭院、花园小区、机关、学校、公园、游乐区、街道等地，作为主木或添景树，均可单植、列植或群植绿化。铁力木有溢香避臭、驱虫环保的功能，可推荐为城建环保的优秀树种。

叶片（正面、背面）

花

花枝（正面）

花枝（背面）

枝叶（正面）

枝叶（背面）

枝叶（一）　　　　　　　　　　枝叶（二）

植株　　　　　　　　　　　　　生境

十、毗黎勒

学名：*Terminalia bellirica*（Gaertn.）Roxb.。

异名：树花生、Mai tu lin（傣语）。

科属：使君子科 Combretaceae，诃子属 *Terminalia*。

标本来源：瑞丽龙江电站宾馆庭院的大树，树高 25m，胸径 5m。林地海拔 824m，砖红壤，母岩花岗岩，伴生树种有龙竹、木棉、光叶桑、对叶榕、家麻树等。

形态和习性：大乔木，有板状根，树高至 35m，胸径达 1m。小枝灰色，具有纵纹和螺旋上升排列的叶痕，初被锈色绒毛，后变秃净。叶螺旋列生枝顶，卵形或倒卵形，长达 20cm，宽至 10cm；两面光滑，有光泽，侧脉 5 ~ 8 对，叶背网脉细密；叶柄长至 10cm，无毛，常于中上部生 2 腺体。腋生穗状花序集生成伞房状，密被红褐色丝状柔毛；上部为雄花，基部为两性花；花淡黄色，5 枚，无花瓣，萼管杯状，雄蕊 10 枚，子房下位，1 室。核果卵形，密被锈色柔毛，长 2 ~ 3cm，直径 2 ~ 2.5cm，有 5 棱。

花期 3 ~ 4 月，果期 5 ~ 7 月。

地理分布和生境：毗黎勒在东南亚和南亚的越南、老挝、柬埔寨、缅甸、泰国、印度、锡兰、马来半岛至印度尼西亚等地的热带森林中都有生长。在滇南的金平、西双版纳和滇西南德宏州的芒市、盈江、梁河等市县的海拔 540 ~ 1350m 的山地森林中也有分布，多为这些地段的阳坡疏林，或为沟谷和山地季节性雨林的上层树种。

诃子属是多种大属，约有 250 种，在地球南北热带区域都有分布。在德宏州原产有 6 种（含 1 变种），引入 1 种，共 7 种。它们是银叶诃子（*T. argyrophylla*）、毗黎勒、榄仁树（*T. catappa*）、诃子（*T. chebula*）、微毛诃子（变种）（*T. chebula* var. *tomentella*）、海南榄仁（*T. hainanensis*）、千果榄仁（*T. myriocarpa*）。它们在山地的分布海拔均在 1000m 以下，具有喜热、耐旱的生态特性，所以常能于次生森林及林缘、疏林、路边等向阳地段生长。

资源利用：中国科学院西双版纳热带植物园对采自勐腊的种仁进行分析，其含油率达 44.7%，折光率（20℃）为 1.4700，比重（20℃）为 0.9129，碘值为 81.8，皂化值为197.6，酸值为1.1，不皂化物为0.5%。脂肪酸的组成（%）如下：棕榈酸37.9、硬脂酸2.7、油酸27.6、亚油酸31.8。

毗黎勒的木材浸水后尤为坚硬，视为硬材树种，树体可分泌大量树脂；果皮富含单宁，可用于作鞣料、制黑色染料、改进蓝靛、制作墨水等；在印度传统医学体系中，毗黎勒是普遍应用的药用植物之一，其果皮用于治疗发热、咳嗽、腹泻、痢疾和皮肤病，果皮提取物含有榄仁木脂素、赞尼木脂素、榆绿木木质素B等，具有抗真菌、抗疟疾、抗HIV-1活性等功效。果实也可药用，幼果通便，成熟果收敛、消水肿、治赤白痢等，其粗提物具有抗病毒和抗菌活性。果实还可食用，有轻微麻醉作用。

同属的其他几种树的木材、种仁含油量、果实和果皮都各有利用价值。另外，滇榄仁耐干热和对生境的适应力使其成为干热河谷造林的先锋树种。

开发推广：毗黎勒虽然是热带雨林树种，但有喜光耐旱的生态特征，故在适宜生长区中人工种植并不困难。当地群众用种子繁殖，以条播形式育苗，播前用水浸泡种子24h，阴干后播种，然后覆土1cm，盖草保湿，较易出苗，到翌年5月雨季来临前即可造林移植。其以四旁分散种植的效果最好。根据造林种植目的（如收籽榨油、用材、采脂、收果等）的不同，在种植与管理方面应有不同措施。

果枝

结果树冠

植株

生境

十一、诃子

学名：*Terminalia chebula* Retz.。

异名：诃黎勒、诃得果、麻菜果（傣语）、Malai（傣语）。

科属：使君子科 Combretaceae，诃子属 *Terminalia*。

标本来源：盈江山地，海拔 1050m，河谷季风林，伴生树种有八宝树、毛麻楝、番龙眼、团花等。

形态和习性：高大乔木，树高达 30m，胸径至 1m；树皮灰白色至灰黑色。嫩枝黄褐色，被绒毛；老枝无毛，皮孔显著，细长，浅黄色。叶近对生，全缘，亚革质，卵形或椭圆形，长 7 ~ 16cm，宽 3 ~ 8cm，顶端短尖，基部钝圆或楔形，偏斜；老叶两面无毛，密被细瘤点，幼叶背面有微毛，侧脉 6 ~ 10 对；叶柄粗壮，长至 3cm，被锈色短柔毛，顶端具 2 ~ 4 腺体。穗状花序组成圆锥状复伞花序，长达 10cm；花小，两性，无梗；萼筒杯状，长 3mm，顶端有 5 齿，外面被毛，内面被棕色长柔毛；雄蕊 10 枚，伸出萼筒；子房上位，1 室，花柱 1，粗壮。果椭圆形，长达 4cm，直径 2cm，表面粗糙，无毛，常有 5 条钝棱。

花期 5 ~ 6 月，果期 7 ~ 9 月。

地理分布和生境：诃子树是亚洲热带分布树种，在印度、缅甸、泰国、柬埔寨、越南、尼泊尔等国都有分布。在我国华南广东和广西，以及滇西南至滇南生长。在云南德宏州的瑞丽、芒市、盈江、梁河，以及相邻的龙陵、镇康、耿马、丽江、永德、凤庆、景东等多市县也有分布。一般生长在山区海拔 800 ~ 1500m 地段的疏林中，多少有次生性质的热带雨林、季风林和季风常绿阔叶林的林中或林缘。所以，诃子树生长的立地条件是阳性的次生森林生态环境。

诃子属是多种属，在两半球的热带地区生长，我国产 8 种，其中德宏地区产 7 种，德宏地区产的 1 变种是诃子树的微毛变种，称为微毛诃子（*T. chebula* var. *tomentella*），其为瑞丽特有，分布于海拔 800 ~ 1100m 的山地阳坡森林缘或疏林中，生境的水热条件同于正种。

资源利用：据中国科学院华南植物园对采自广州的种子进行分析，其含油率为 33.08%，油的碘值为 112.4，皂化值为 190.9。脂肪酸的组成（%）如下：肉豆蔻酸微量、棕榈酸 18.1、硬脂酸 4.4、油酸 28.5、亚油酸 49.0。

诃子树树干通直，出材率高，木材为散孔材，淡黄色至褐黄色，略有光泽，结构中等，纹理直，干缩性小，力学性和耐腐性中等，属坚实优质木材，是建筑、家具、农用、军工的优良用材。树皮和果实富含单宁，是一种很有价值的鞣料，还可提制黑色和黄色的染料。

近年来关于诃子食用、医用方面的研究成果显著。研究发现，诃子主要含鞣质类、酚酸类、三萜皂苷类、黄酮类、多糖类化合物，具有多种药理作用，有清热生津、利咽解毒的作用。果实和叶子富含诃子素，果肉的含量达 30% ~ 40%。诃子素由以诃子酸、诃黎勒酸、原诃子酸等为主的高分子有机酸、氨基酸及多种糖类等组成。其具有很高的药用价值，常用于治疗喉炎、哮喘、气管炎、肠炎、久泻不止、肠风泻血、脱肛、痔疮出血等。《中华人民共和国药典》（2010 年版第一部）将其和绒毛诃子一起收载，诃子全果、果肉及果核中含鞣质类成分，鞣质具有收敛及沉淀蛋白质的作用，在中药学中被归为收涩药，具有涩肠止泻、敛肺止咳、降火利咽之功效；诃子还含有多种保护神经及促进神经功能康复的活性成分，可以用于开发医药保健新功能食品。诃子有明显的免疫调节活性和抗氧化活性功能，其抗氧化活性与其中的酚类化合物相关；诃子具有广泛的抑菌及抗病毒作用，对金黄色葡萄球菌、大肠杆菌、绿脓杆菌、白假丝酵母菌、铜绿假单胞菌、白色念珠菌和解脲脲原体等具有抑制作用，其水提物对皮肤真菌也有一定的抑制作用，诃子乙酸乙酯提取物的抗菌活性与邻苯三酚类成分相关。根据近年研究的不断补充与完善，已初步筛选出诃子作为抗病毒新药，其对乙型肝炎病毒、流感病毒、疱疹病毒及 HIV 均有抑制作用；高浓度的诃子复方提取物可显著性降低 A 型流感病毒 H3N8 的感染率。诃子还可抑制多种癌细胞的增殖，诃子醇提物可抑制人乳腺癌细胞株 MCF-7、鼠乳腺癌细胞株 S115、人前列腺癌细胞株 PC-3、人骨肉瘤细胞株 HOS-1 和 PNT1A 人前列腺癌细胞的增殖。诃子的70% 乙醇提取物能显著改善肝损伤鼠体外铁螯合性能和体内铁过剩，降低肝损伤鼠的肝毒性。诃子炮制品能够降低由 α- 萘异硫氰酸酯诱导肝损伤大鼠血清中天冬氨酸转氨酶（AST）和丙氨酸转氨酶（ALT）的水平，对急性肝损伤具有降酶保肝作用，且毒性较小。试验表明，诃子对不同炎症模型均有一定的抑制作用。诃子还有降血糖、调血脂的作用，诃子醇提物可降低糖尿病大鼠的血糖水平，还具有调节血脂的作用。诃子幼果的乙酸乙酯、正丁醇和水三种不同极性的溶剂提取物对 α- 葡萄糖苷酶均有明显的抑制作用，活性跟踪表明 5- 羟甲基糠醛、没食子酸甲酯为活性单体。诃子具有抑制胃肠道蠕动的作用，其提取物的高、中剂量均可显著抑制正常小鼠胃排空与小肠推进运动，还可抑制家兔离体肠平滑肌的收缩，对氯化乙酰胆碱引起的肠平滑肌兴奋有明显的拮抗作用。以上均表明诃子醇提物对动物胃肠运动有抑制作用，其作用途径可能与 M 胆碱受体有关。

　　诃子是藏药和蒙药中广泛应用的药物之一，藏医、蒙医中使用诃子的病例范围比中医广泛，诃子树的不同部位具有不同的疗效。以蒙药方剂为例，清·吉格木德丹金扎木苏的《蒙医传统验方》316 方中，含有诃子的药方占一半多，足见诃子是蒙药中的最常用品种；苏雅拉图对蒙药方剂常用 200 种蒙药材出现频率进行统计，发现诃子频率高达 41%。此外，诃子也是中药收敛剂中的一味常用药，但其应用范围相对较小，临床主要用于消化系统病症及呼吸系统病症等。诃子在藏药的复方有治疗乙型肝炎及牛皮癣等功效。

　　开发推广：诃子树用种子育苗繁殖，在广东、广西和云南个别地方有作果树、药树种在四旁栽种，9 月果子成熟，采种最好在 10 月后进行，种子晾干，除杂质，用透气布袋放置通风干燥处，可随采播种，也可于年底或翌年初播种。育苗苗床应选择轻黏壤土或砂壤土，整地细致，条播方式。播种前用水浸泡种子 24h，晾干后再播，播后盖草保湿保温，10d 左右种子发芽，揭去草盖，待苗木高为 10cm 时，便可分苗移植。苗圃须有荫棚，待苗木正常生长后撤出，一般第二年时便可用于造林。

　　造林地应选择阳坡，且土壤深厚、水湿条件较好地段，如山麓、沟谷边、缓坡台地等。柯子树根系发达，种植造林不难，但仍要求中耕除草，加强管理。10 年生的树木可高达 15m，胸径大于 20cm。所以，柯子树应是速生材用，是集油、果、药、鞣料产品及环境绿化等多种用途于一身的优良树种。

枝叶标本　　　　　　　　果实　　　　　　　　枝叶标本

饮料　　　　　　　　中药饮片

十二、千果榄仁

学名：*Terminalia myriocarpa* Vaniot Huerck et Muell.-Arg.。

异名：大马缨子花、大红花树、千红花树、多果榄仁、卡石拉（景颇语）、窝罗树（德昂语）。

科属：使君子科 Combretaceae，榄仁树属 *Terminalia*。

标本来源：瑞丽珍稀植物园，海拔 1120m，山坡，花岗岩，砖红壤，人工林，成片生长，伴生树种有红光树、云南七叶树、藤春、贯众、盈江龙脑香、鱼尾葵、小柚木、冷水花、楼梯草、楝树、金合欢、野龙竹。

形态和习性：常绿乔木，高达 25～35m，具大板根；小枝圆柱状，被褐色短绒毛或变无毛。叶对生，厚纸质；叶片长椭圆形，长 10～18cm，宽 5～8cm，全缘或微波状，偶有粗齿，顶端有一短而偏斜的尖头，基部钝圆，除中脉两侧被黄褐色毛外，其余无毛或近无毛，侧脉 15～25 对，两面明显，平行；叶柄较粗，长 5～15mm，顶端有一对具柄的腺体。大型圆锥花序，顶生或腋生，长 18～26cm，总轴密被黄色绒毛。花极小，极多数，两性，红色，长（连小花梗）4mm；小苞片三角形，宿存；萼筒杯状，长 2mm，5 齿裂；雄蕊 10 枚，突出；具花盘。瘦果细小，极多数，有 3 翅，其中 2 翅等大，1 翅特小，长约 3mm，宽（连翅）12mm，翅膜质，干时苍黄色，被疏毛，大翅对生，长方形，小翅位于两大翅之间。

花期 8～9 月，果期 10 月至翌年 1 月。

据在西双版纳的观察，千果榄仁生长期为 4～10 月，4 月初长出新芽，4 月底开始展叶，5 月中旬为展叶盛期，此后不断发出新叶，至 10 月停止生长，11～12 月开始落叶，翌年 4 月中旬前后落叶结束。千果榄仁一般在种植后 14 年开始开花结果；千果榄仁 8 月现蕾，9 月下旬至 10 月初开花，果实于 11 月下旬成熟，成熟后挂在树上至翌年 2 月。幼果期红色，果熟后变为苍黄色。从开花到果熟约需 50d。果实极多、具翅，经重力和风媒散布。

地理分布和生境：产于广西（龙津）、云南（中部至南部，德宏州境内广泛分布）和西藏（墨脱），为产区的习见上层树种之一。越南北部、泰国、老挝、缅甸北部、马来西亚、印度东北部、锡金也有分布。

资源利用：树皮提取物常用作心脏兴奋剂和利尿剂，药理活性物质主要有 β-谷甾醇和三萜类化合物。木材白色、坚硬，可作车船、建筑、家具、室内装修用材，也可制作胶合板。千果榄仁成熟叶片淡绿色或深绿色，叶大呈长椭圆形，枝、叶浓密，株型高大紧凑，主干明显，植株卵圆形，形态优美，遮阴效果好。千果榄仁在自然群落中为上层高大乔木，局部地区能形成优势树种，为热带雨林上层树种之一。千果榄仁饱满的树形及奇特的叶片使其在园林景观中不失为一种优良的观赏树种，宜用于庭院、公园绿化。

开发推广：千果榄仁已处于渐危状态，被列为国家二级重点保护野生植物。千果榄仁的繁殖方式有扦插和种子繁殖，以种子繁殖为主，选择生长健壮、无病虫害的母株，每年 12 月至翌年 2 月，果实颜色呈苍黄色即可采收。将果实搓擦去果皮，放入清水中漂洗干净，置于室内阴干，净种备用。种子宜随采随播，若不能及时播种，宜装袋置于通风干燥处保存，时间不超过 30d。圃地宜选择地形平坦、肥沃湿润、排灌条件良好的砂壤土或轻壤土。圃地浅耕，深度 15～20cm，碎土，捡去土中草根等杂物，耙平做床。床宽 100cm，床高 20cm，苗床步道 30cm。条播，行距 20cm，播种量 10000 粒 /m²，播后覆土 1～2mm，浇透水后用草覆盖，隔日浇水保持湿度。播种 10～12d 后，种子萌动发芽，待芽苗出土达 60%～70% 时，将盖草揭除。当芽苗高 10cm 时，即可出圃移栽，移植初期搭透光度 40%～60% 的荫棚。根据气候和苗床干湿度，适时排灌水，浇水在早晨或傍晚进行，要浇透水；每隔 20d 追施一次复合肥。中耕结合除草和病虫防治同时进行，中耕深度宜在 5cm 以内，每隔 2～3 周人工除草一次。当年育苗，当年出圃，时间 6～7 个月；苗高达 28cm 以上，地径达到 3.4mm，即可出圃造林。

叶（正面）

叶（背面）

花序 果序 幼树

植株

十三、滇榄

学名：*Canarium strictum* Roxb.。

异名：漾蕊（布朗族语）、漾短（傣语）。

科属：橄榄科 Burseraceae，橄榄属 *Canarium*。

标本来源：瑞丽珍稀植物园，海拔 1170m 山地，南坡，次生常绿阔叶林，乔木树高 14m，云南省三级保护濒危树种。

形态和习性：常绿大乔木，高达 50m，胸径达 1m。树皮灰白色，幼枝密被锈色棉毛，后渐脱落，髓部具周生的柱状维管束，中心有散生的维管束。奇数羽状复叶集生于枝顶，托叶早落，有小叶 5～6 对，被疏柔毛或无毛；小叶卵状披针形至椭圆形，长达 20cm，宽至 6～7cm；坚纸质至草质，腹面无毛，背面近无毛或密被锈色绒毛；基部偏斜，宽楔形，先端渐尖；叶缘具细圆齿或微波状；侧脉 20～22 对。花序腋生，有时集为假顶生，雄花序为狭聚伞圆锥状，雌花序为总状花序，花小且量少。果序长 10～20cm，无毛，有果 1～3 枚，具果柄，倒卵形或椭圆形，两端钝，长 3.5～9.5cm；果核光滑，有中肋，肋角钝。

花期 4～5 月，果期 10～12 月。

地理分布和生境：橄榄属是多种属，主产热带亚洲和非洲，我国有 7 种，其中 4 种在德宏地区有生长而且分布广泛，主产于海拔 1300m 以下的沟谷雨林、山地雨林之中。它们是滇榄、毛叶榄（*C. subulatum*）、方榄（*C. bengalense*）、橄榄（*C. album*）。滇榄被列为省级三级濒危保护树种，主要生长在瑞丽、盈江等市县海拔 1100m 以下的沟谷雨林和季节雨林中。该树种要求温暖、湿润的立地条件，其分布区向东延伸至西双版纳的景洪、勐纳，向西延伸至西藏东南喜马拉雅山脉南翼海拔 1000m 以下的雨林中，成为常见的雨林伴生树种。

资源利用：中国科学院华南植物园曾对橄榄属的方榄、乌榄、橄榄 3 种果实的果仁进行分析，三者的含油量都在 58% 左右，油脂组成成分中亚油酸含量高达 44%～46%，棕榈酸含量为 20%～30%，油酸含量为 21%～31%，硬脂酸含量仅 3%～6%。未对滇榄的种仁及种仁油作分析，无材料；但究其应用广泛、群众喜好看，成分和价值应是较高的。

滇榄的果实可生吃和渍制，入药有清热解毒、利咽喉、止咳嗽、治肠炎腹泻的作用；种子榨油，可用作润滑油和制肥皂；树干割树脂，树脂棕褐色，状如松脂，

叶（背面、正面）

果枝

枝叶

幼苗

有照明、防腐等用途；木材显灰黄色，材质坚实，是制作建筑、家具、农用等的良好木材。

开发推广：滇榄用种子繁殖，秋天采种，宜随采随播。也可采后堆放，用稻草覆盖，沤去果肉，洗净后沙藏，待翌年春季播种。可直播或条播育苗，苗圃条距 30cm，沟深 5cm。一年生苗，即可种植和造林。选择适宜的造林立地，加强锄草管理，一般成活率高达 90%，而且生长速度较快。

总之，滇榄既是珍稀树种，又是可开发的多用途经济林木。

植株

十四、云南娑罗双

学名：*Shorea assamica* Dyer。

异名：阿萨娑罗双、娑罗双树、黄云香。

科属：龙脑香科 Dipterocarpaceae，娑罗双属 *Shorea*。

标本来源：瑞丽珍稀植物园，海拔 1120m，砖红壤，南坡，山地热带森林，伴生树种有杯状栲、红木荷等。

形态和习性：常绿大乔木，高达 45m，胸径达 1.6m；树干通直，木质部富含树脂，树皮纵裂，或条块状剥落。小枝密被灰黄色茸毛，有皮孔。叶长椭圆形，偶近琴形，长 9～15cm，宽 4～7.5cm，先端渐尖或短尾尖，基部圆浅心形；叶腹面有光泽，中脉微被黄褐细毛，微凹，侧脉 18～21 对；叶背面被浅棕色细柔毛或丛生鳞片状毛，脉上的毛更密，细脉整齐；叶柄长 0.7～1.3cm，密被绒毛，上面膨大；托叶长 10～25mm，有纵脉 4～10 条。聚伞花序顶生或腋生，长 17～28cm，各部被细柔毛；苞片早落，花梗长 1～2mm；萼裂片披针形，3 长 2 短，长 7～8mm；花瓣黄白色，长椭圆形，长 10～13mm，花径 2.4～2.8cm；雄蕊 15 枚，排成两轮，基部相连；雌蕊长约 7mm，柱头 3 浅裂。坚果被宿存萼紧包，萼片 5 数，发育成 3 长 2 短的果翅，外面 3 枚长椭圆披针形，长 5～10cm，宽 2cm，有 10～14 条纵脉；内面 2 枚窄披针形，长 3～6cm，宽 5～7cm，具纵脉 5～7 条。

花期 5～6 月，种子成熟期 7～8 月。

地理分布和生境：云南娑罗双在中国仅自然分布于盈江县，属国家二级保护树种，向西跨境分布到印度、缅甸等地。在盈江生长的具体地段是昔马、芒允、长场、姐冒、铜壁关等地，沿羯羊河及南奔河（董崩河）流域，顺河谷呈走廊分布，山地海拔 270～1000m。分布区属于热带季风气候，具有高温、多雨的优厚湿热条件，但又有干湿季节交替的干季影响。

云南娑罗双生长在缓丘的下部、河流沿岸、箐沟两侧等水湿条件充沛的地方，补偿了旱季的干扰；其土壤多为花岗岩上发育的砖红壤，土层深厚、肥沃、湿润。本树种为季节雨林的树种，能在林内成为上层优势树种，且与龙脑香科其他树种及楝科、大戟科、使君子科、樟科等科属树种混交。

资源利用：由于云南娑罗树是喜光树种，在郁闭林下，除 1～3 年的幼苗外，难以找到高过 1m 的小树。1～2 年生野生苗高 15～25cm，主根发达，侧根较少。

据云南省林业科学研究所（1985）在那邦坝解析标准木，其 1 年生前生长缓慢，10 年生后生长稳定，生长高峰出现在 65 年生，达 0.7m，85 年生后长势减慢；胸径生长高峰在 40 年，峰值达 0.92m，平均生长量为 0.5～0.6m，80 年生后开始下降；85 年生的材积连年生长量仍在上升，达到 0.09m，远超过平均生长量。可见该树种衰老慢，应作为长寿、大径材树种培育开发。

本树种的木材黄白色，比重和硬度均属中等，干缩差异较大，纹理直，结构中至略粗，加工性能良好，可作为建筑、箱盒、桥梁等用材。其径级较大，枝节少，尖削度小，是胶合板等木材工业的理想用材。

开发推广：云南娑罗双既是国家级保护植物，又是一种良好的用材树种，其自然更新良好。在云南栽培试验有一定的经验，既能扦插育苗，也可利用种子繁殖。

一般果熟于 7～8 月，约在半月之内落尽，需注意收集落果，并防止病虫危害。因果较大，发芽力强，最好随采随播。常根苗床育苗，即易成苗。播种时连果翅横放，将胚根向下，接触土壤，盖土过种子的 2/3。床面须盖薄层干草和搭盖荫棚，每日浇水，保持潮润，发芽率可达 90%，每果成苗 1～3 株。一年生苗高平均超过 50cm，胸径 0.8～1.0cm。苗木主根发达，侧根较少，会影响裸根移苗的成活率，故提倡容器育苗。

在移苗造林时，须选择相应的水热条件和深厚土壤，并在移植初有一定遮阴。不宜在荒山上造林，宜在疏林或有一定遮阴灌丛中进行；也可考虑移栽头 1～2 年的春夏生长季混种高秆作物，让其产生遮阴效果；还可仿效天然复层林结构，选择适宜树种进行层间混交。这些方法有待于因地制宜充分地试验和探索。

标本

叶

幼苗枝梢

幼树

植株

十五、云南石梓

学名：*Gmelina arborea* Roxb.。

异名：滇石梓、甑子木、酸树、埋索（傣语）、老可嫂（普文傣语）、甲梭扑（哈尼语）、勒咩（基诺语）、鲁美（基诺语）。

科属：马鞭草科 Verbenaceae，石梓属 *Gmelina*。

标本来源：盈江邦那、芒允洪崩河，海拔 500m，河边疏林。

形态和习性：半落叶至落叶乔木，高达 35m，胸径至 1m；树皮灰黄色，不规则块状剥落，具有环状大皮孔，幼枝对生，方形横切面稍扁，有槽。叶卵形或近心形，长达 25cm，宽至 18cm，全缘；3～5 基出脉，叶片基部有一对绿色腺体。幼枝、芽、叶背、叶柄均密被灰黄色绒毛。花序总状或复总状组成聚伞圆锥状，长达 30cm；花序花梗，花冠均被灰黄色绒毛。花冠唇形，上唇 2 裂，下唇 3 裂，长 5cm，黄色至棕色；雄蕊 4 枚，2 强，贴生于花冠管上。核果椭圆形，平滑，长达 2cm，成熟时黄色，干燥后黑褐色；核 4 室，常仅有 1 粒种子，卵形，长 1.5cm，种皮木质。

花期 3～4 月，常先叶开放，果期 5～6 月。

地理分布和生境：云南石梓从我国云南南部至东南亚各国，从越南、缅甸、老挝、泰国等国直到印度、巴基斯坦热带都有自然生长。其有宜温暖、忌避霜寒、对湿润度适应性强的生态特点；在无霜的热带，年降水量 1000～1500mm 的地区较适宜生长。

云南的西双版纳、普洱、德宏、临沧等市县的山地垂直带海拔 1200m 以下地段是云南石梓的主要分布区，上线可达 1500m，属于热带季节雨林、山地雨林和半常绿季雨林的适生树种。云南石梓对土壤要求不严，在砖红壤、砖红壤性红壤、石灰岩山地红壤等土壤上都能生长。

资源利用：云南石梓是优良的热带速生树种，有与柚木相似的木材性能。其木材为散孔材，心材淡褐色，边材灰白色或淡黄色，较窄，结构中等，纹理较直，有绢光与花纹，容易加工，切创面光滑。具有与柚木相同的优点：①耐干湿变化，变形小，不裂；②极为耐腐，抗白蚁和虫蛀；③强度适中，且不沉重。所以，它与柚木并列为世界名材，适用于制作木模、家具、胶合板，以及装修、造船、造纸等。

云南石梓速生，树干通直，树冠开阔，花大，黄紫色，美丽且清香，可作为庭院、行道等的环境绿化、美化树种。另外，果可食用，花朵可用作食物及糕点

枝叶

的染料和香料。

开发推广：云南石梓是速生优良的材用树种，有和柚木一样的经济价值，国际上已有大面积种植，我国也有种植的经验。德宏地区各市县山地海拔 1200m 以下的荒地、疏林地、沿河谷冲积土都可考虑造林种植。在自然状况下，因其喜光，不耐阴，在路边、开阔地、次生林中，常见其幼苗与幼树，天然更新良好，而且生长很快，3 年便可结实。

采用育苗造林，5 ~ 6 月种子成熟，果实变黄，逐渐掉落，便可收集。将其堆放沤烂果皮，清水漂洗晾干，即可播种。最好随采随播，不宜久留。苗圃地，条状点播，加强水湿管理，7 ~ 8d 可出芽，20d 后出苗率达 70% ~ 80%。管理得当，一年生苗高可达 2m 以上，翌年雨季来临时择地造林成活率很高。择地是指造林要选择土壤深厚、肥沃、水湿充分地段，如沿河冲积土台地，这样云南石梓的生长量可提高 2 ~ 3 倍，能培养大径材。

云南石梓还可用扦插繁殖方法，剪取 1 ~ 2 年生枝条作插穗，不经处理即时扦插，也易生根。

植株

十六、黄兰

学名：*Michelia champaca* L.。

异名：黄缅桂、大黄桂、高大含笑、蒲、酸树、卖仲哈（傣语）、Maisuo（傣语）。

科属：木兰科 Magnoliaceae，含笑属 *Michelia*。

标本来源：德宏州林业科学研究所，海拔 802m，砖红壤，树木园人工林，伴生树种有苦楝、缅甸铁木、米老排等。

形态和习性：常绿大乔木，高达 40m；树皮灰白色，光净不开裂。叶和叶柄均被淡黄色平伏柔毛。单叶，薄革质，全缘，披针状卵形或长圆形，长达 25cm，宽至 9cm，先端渐尖或尾状，基部楔形。花两性，单生叶腋，橙黄，极香，花被片 15 ~ 20，披针形，长 3 ~ 4cm，宽 4 ~ 5cm；雌蕊群有毛，柄长 3mm。聚合果长 7 ~ 15cm；蓇葖果倒卵状长圆形，长 1 ~ 1.5cm。种子 2 ~ 4 粒，有皱纹。

花期 6 ~ 7 月，果期 9 ~ 10 月。

地理分布和生境：含笑属树种共有 60 余种，起源于热带亚洲，自然分布于亚洲热带、亚热带，且常有栽培。黄兰在我国的热带和南亚热带有天然生长，具体是云南的西南部、东部和西藏南部，位于滇西南的德宏州各县市均有生长，广为栽培。

资源利用：据中国科学院西双版纳热带植物园对采自勐腊县的该树种子进行分析，其含油量为 34.0%，油的折光率（40℃）为 1.405，比重为（40℃）0.9049，碘值为 101.6，皂化值为 199.3。脂肪酸的组成（%）如下：肉豆蔻酸 0.3、棕榈酸 25.0、硬脂酸 2.8、十六碳烯酸 3.6、油酸 24.3、亚油酸 43.1、亚麻酸 0.9。

中草药文献记载黄兰的根和果可以入药，其性苦凉，根去风湿，利咽喉；果有健胃肠、止痛的作用。根含银胶菊内酯；花含挥发油，其主要成分是异丁香酚，芳香油含量为 0.16% ~ 0.2%；树皮含树脂、香精、鞣质、多糖等。

木材硬度中等，结构细致均匀，黄色美观，纹理直，是细木工和装修的优良木材。

黄兰有树形优美、树冠浓郁、四季常绿、花香四溢等优点，在庭院景观、旅游公园等处也是备受青睐，广为种植。

开发推广：黄兰产自我国，并广植热带和南亚热带。除花、果、树皮含有香油，可提香精外，其根、果皮可入药，木材为高级木料，还是优良的庭院树种，所以对其引种驯化已有一定的历史和经验。

常用种子繁殖，最好随采随播，否则种子放置半个月后便会丧失萌发力。种子出苗后，生长很快。10 月播种，到翌年春天即可移苗栽植。另外，也可用嫁接和高枝压条办法繁殖。定植时，适当修剪枝叶和根系，栽植不宜过深，株行距可考虑 2m×3m。

叶标本

枝叶

植株

十七、合果木

学名：*Paramichelia baillonii*（Pierre）Hu in Sunyatsenia。

异名：拟含笑、山桂花、大果白兰、山缅桂、黑心树（金平）、白木莲花（临沧）、埋章巴（傣语）、埋洪（傣语）、林嘟（哈尼语）。

科属：木兰科 Magnoliaceae，合果木属 *Paramichelia*。

标本来源：陇川，海拔 700m 山地雨林的上层树种。

形态和习性：落叶或半落叶大乔木，高达 35m，胸径超 1m；树冠开展，呈扁圆球形或长椭圆形；树干通直，圆满，分枝高；树皮灰色至黑褐色，小块状脱落，小枝圆形，有明显苍白皮孔，且被淡褐色长绒毛；髓心白色，具淡褐色片状分隔。叶革质、全缘，披针形、椭圆形或阔披针形，长达 25cm，宽至 7cm；叶片上面光净，背面被白色平贴毛，主脉突起；新展嫩叶两面均被白色平贴毛；先端渐长或具尾尖，基部楔形，侧脉 14～19 对，于近叶端处弯曲且连接；叶柄长约 1cm，被白毛，柄上有托叶痕。花单生于叶腋，黄白色，芳香，花被片 12～18（20），3 轮，每轮 6 片，外 2 轮倒披针形，内轮披针形，覆瓦状排列；雄蕊长 6～7mm，花丝线形；雌蕊群有显著的柄，心皮完全发育，结果时完全合生，形成一近圆筒形的肉质聚合果。每聚合果有种子 70～110 粒；种子扁平，有红色假种皮。

花期 3～4 月，果期 7～8 月。

地理分布和生境：合果木性喜热带暖湿气候，在东南亚缅甸、泰国、越南至印度有生长，在我国为云南特有，列为国家二级保护树种。主要分布于西双版纳至普洱、临沧和德宏等地。德宏州的瑞丽、陇川、盈江等市县海拔 270～1100m 的低山、河沿、沟箐森林中有散生或零星分布，出现在季节雨林、山地雨林、沟谷雨林、南亚热带季风常绿阔叶林等森林之中，在局部地段也可能成为上层优势树种，伴生树种多见山韶子、普文楠、红椎、云南石梓、红木荷、黄樟、麻楝、酸枣、光叶黄杞、黄牛木等。显然，合果木是热带森林树种，可分布于过渡的南亚带森林中生存，其生长区的年平均气温为 17～22℃，活动积温为 6000～7900℃，空气相对湿度为 80% 左右，年降水量为 1100～1800mm，土壤类型为砖红壤、砖红壤性红壤及热带河沿冲积土。

资源利用：合果木生长迅速，良好条件下树高生长年均值达 1.6m，胸径近 2cm，30 年的材积达到 1m³。60 年生树材积连年生长量仍高于平均生长量，生长曲线仍在上升，尚未达到数量成熟的稳定龄期。足见合果木是速生可培养的大径材树种。

合果木的木材为散孔材，心边材明显，有光泽；结构细，气干容重中等（0.656g/cm³）；木材富有弹性，纤维坚韧；耐腐性强，切面光滑，油漆及脱黏性能良好。合果木是建筑、桥梁、家具、箱盒、室内装修及胶合板等的良好用材，也是军工制作快艇、枪托和手榴弹的上等材料。

除此之外，树根根尖、树皮作药，有消炎、除风湿的效果。

开发推广：合果木是云南特有的大径材用材树种，其种子易繁殖，萌蘖更新能力强，具有推广经营的价值。

合果木以种子育苗造林。7～8（9）月果实成熟，变为暗褐色，并逐渐开裂，需要即时采收，避免鸟雀啄食。种子外有红色假种皮，可用水浸泡，揉搓除去，晾干种子，储藏在通风干燥处。种子含油分高，不宜储藏过久，随采随播最好，可在当年8～9月播种，不可超过半年，否则萌芽力将完全丧失。苗圃应选择土壤疏松、排水良好的砂壤土，条播，水肥管理适当，2个月左右发芽，发芽率为30%左右。苗床应有荫棚，一年生苗高30cm，便可出圃造林。造林地选择海拔1000m以下立地土壤深厚地段，采用2m×2m或3m×3m密度，植穴采用50cm×50cm×60cm的中大坑。育苗、造林比较容易，关键还在林地管理。因热带杂草生长旺盛，幼林地每年须除草扶育2～3次，并预防杂草堆积、滋生病虫害及其蔓延。

枝叶（正面）

枝叶（背面）

果枝

植株

十八、细青皮

学名：*Altingia excelsa*。

异名：高阿丁枫、青皮树、乳香树、椰头树、埋榄嘟（傣语）、火都（哈尼语）。

科属：金缕梅科 Hamamelidaceae，蕈树属 *Altingia*。

标本来源：瑞丽珍稀植物园，海拔 1118m，东向山地，花岗岩，砖红壤。山地次生林，树高 9m，伴生树种有西南桦、红木荷、滇南新乌檀。

形态和习性：常绿大乔木，高可达 40m，枝下高至 25m，胸径达 2m；树皮淡灰色至褐灰色，窄纵裂。嫩枝暗褐色，老枝皮孔明显。叶薄，纸质，椭圆形，稀卵状长圆形，长达 16cm，宽至 6cm；叶端有时尾尖，基部微心形，叶缘具圆锯齿；侧脉 6～8 条，脉腋间有柔毛；叶柄纤细，长至 4cm，顶端常有腺状体附属物；托叶线形，长至 6mm。花无花被，雄花雄蕊多数，头状花序，6～14 朵聚集成长约 5cm 的顶生总状花序；雌花也为头状花序，单生于当年枝顶的叶腋内，有花 14～22 朵。头状果序圆球状，直径至 2cm，蒴果全部藏于木质果轴内，2 瓣裂不具宿存花柱。成熟种子每室 1 粒，倒卵形压扁状，长约 6mm，周围有窄翅，种子细小，褐色，多数不育。

花期 2 月，蒴果于翌年 3 月陆续成熟。结实丰富，但多属不育种子。

地理分布和生境：细青皮在亚洲热带，包括印度、缅甸、马来半岛至印度尼西亚都有生长分布。在印度尼西亚称为"山地森林之王"，能组建成高大的单优森林群落。在我国西藏东南与云南的西南至南部有分布。在德宏州的腾冲、瑞丽、芒市、梁河、盈江、西盟等各县市的海拔 550～1700m 的山地均有生长分布。细青皮是湿润热带、南亚热带的山地雨林、季风常绿阔叶林的重要森林树种。其适应性强，在年平均气温为 16～20℃、极端低温为 –3℃ 的环境中均可生长，但要求水湿条件好，年降水量必须超过 1200mm。

资源利用：细青皮适生的理想条件是热带的湿热环境，在滇南常与山地雨林树种千果榄仁、葱臭木、光叶黄杞、红椎、厚叶石栎、猴欢喜、杜英、含笑、酸枣、粗壮琼楠、滇木花生等混交，有时成为上层优势树种。在滇南金平海拔 1000m 的林缘处，3 年生幼树的胸径达 8cm，树高 5.2m；在勐海海拔 1180m 林中的解析木，78 年生胸径达 46.5cm，树高 29m，单株材积 2.15m³。其树高连年生长量为 0.5～0.6cm，胸径生长旺期在 50 年生后，连年生长量为 0.6～0.8cm，说明青皮树是一种长寿树种，宜作大径材培养。

细青皮出材量高，其木材色淡，灰白色或淡红色，有交错纹理，气干容重中等（0.615g/cm³），力学强度中等或低，胀缩性大，易翘裂，但心材抗性好，木材经处理后是较好的建筑用材与胶合板用材。另外，树干可分泌香脂，嫩枝叶可食用，枝条和树梢用以培养香蕈。

开发推广：细青皮在林缘、疏林、撂荒地上的天然更新良好。采伐迹地、林缘荒地靠残留的细青皮大树自然下种更新，能在短期内恢复成新的单优林。这说明在适宜的热带、季风亚热带山区，青皮树可作为森林恢复树种推广。

每年3月初，青皮树的果实成熟，蒴果开裂后，种子自然散落，此时正值旱季后期，雨季来临后有利于其天然出苗和森林更新，尤其在海拔较低的湿热地区天然更新更为良好。显然，人工繁育、收集种子育苗造林比较容易。但种子多数不育，需认真筛选、剔除。

枝叶

果枝

植株

十九、南酸枣

学名：*Choerospondias axillaris*（Roxb.）Burtt et Hill。

异名：五眼果、鼻涕果、货郎果、山枣、酸枣。

科属：漆树科 Anacardiaceae，南酸枣属 *Choerospondias*。

标本来源：盈江县，山地海拔 1150m 沟谷雨林林缘。

形态和习性：落叶大乔木，高达 30m，胸径至 1m；小枝无毛，暗紫褐色。奇数羽状复叶，长 25 ~ 40cm，小叶 7 ~ 13 片，对生，卵形或卵披针形，长达 12cm，宽至 4.5cm，先端长渐尖，基部宽楔或近圆，全缘，幼树叶缘有锯齿，无毛，侧脉 8 ~ 10 对；小叶柄长 2 ~ 5mm。花杂性异株，雄花序近顶生或腋生，圆锥状，长 4 ~ 12cm；雄花 5 数，淡紫红色，雄蕊 10 枚；雌花单生上部叶腋中，萼浅杯状 5 裂，花瓣 5 数，分离，子房 5 室。核果椭圆形或近卵形，顶端平，长 2 ~ 3cm，熟时黄色，果核骨质，坚硬，顶部有 5 小孔。

地理分布和生境：南酸枣是亚洲南亚热带至热带的喜温暖湿润的森林树种，主要生长于亚热带季风常绿阔叶林和热带北缘山地雨林中。在东南亚至印度东北有分布。我国江南、华南诸省均有生长。云南省多见于滇西南、滇南、滇东南，以及怒江、澜沧江河谷。在德宏地区各县市海拔 1600m 以下的常绿阔叶林、林缘、疏林、次生林中均可生长。可见南酸枣的生长范围较广，年平均气温为 15 ~ 21℃ 都能生存，冬季落叶，所以耐低温性强，能耐 –5℃ 极值。南酸枣要求湿润度较高，年降水量超过 1000mm，年均相对湿度为 80%，无明显的旱季。要求土壤以山地砖红壤性红壤为宜，不适宜石灰质红壤。

资源利用：在光照、热量、水湿适宜条件下，南酸枣树高年平均生长 2m 以上，胸径平均 4 ~ 6cm。据滇南屏边的记录，11 年生胸径达 27cm，树高 18m；金平 10 年生胸径达 43cm，树高 21m，单株材积 1.22m^3。所以，栽培的南酸枣 20 年前生长迅速，10 ~ 20 年生的树干便可成材利用。

木材为环孔材，心边材分界明显，髓心较大；边材黄褐色，不耐腐，易遭虫蛀；心材浅红褐色，有光泽，花纹色泽美观，较耐腐抗虫。木材纹理直，结构中等；重量、干缩度、力学强度、变形度均为一般；不易开裂，硬度稍低，加工容易；胶黏性较好，适合制作家具、箱盒、胶合板等。

树皮含单宁 16.67%，纯度 65.53%，属水解类；韧皮纤维可做绳索；果实酸甜，可生食，并可酿酒；树皮和果入药，有消炎、止痛、止血的功效，可用以治疗大面积烧伤、烫伤。

南酸枣树姿雄伟、干形直、枝叶繁茂，夏可蔽荫、秋可赏叶，是理想的庭院绿化和行道树种。

开发推广：在德宏州各县市海拔 1600m 以下、无严重冷冻地区都可大力推广种植本树种，无论作为生态环境建设、森林恢复的速生树种，还是在城镇园林、风景布置、行道树种植等方面均为首选。

南酸枣宜种子育苗造林。9 ～ 10 月果熟，成熟果实黄色，果肉变软，自行脱落，可在树下搜集。将果实堆放沤烂果肉，洗净果核，置通风处干燥后储藏。果核千粒重 1800 ～ 2500g，一般初春便可播种，点播或条播，一个月后发芽；管理适宜、充分成熟的种子的发芽率超过 95%，且每核可出苗 1 ～ 5 株。苗高 10 ～ 15cm 时，可间苗分床，尤其是一核数株的丛生苗应予分开。即时水肥管理，到年末苗高达 50 ～ 80cm，而且幼茎木质化，此时便可移栽造林。在苗木起移时，将修剪的主侧根斜埋土中，可起到埋根育苗的作用，一年之后再生的苗又可移栽上山。

植苗造林选择春末夏初、雨季来临时进行，栽植容易，速生，病虫害少，加强土壤管理，成林效果十分明显。

叶（正面）　　　　　背面　　　　　　　枝叶

植株　　　　　　　果　　　　　　　　种子

二十、直立省藤

学名：*Calamus erectus* Roxb.。

异名：Wai long（傣语）。

科属：棕榈科 Palmae，省藤属 *Calamus*。

标本来源：盈江，海拔 270 ~ 600m 的季节雨林中。

形态和习性：茎直立，粗壮，丛生，裸茎粗 5 ~ 6cm，高 5m 以上。叶羽状全裂，长 2.5 ~ 3.5m，顶端不具纤鞭；叶轴背面由下部向上部具半轮生至单生的刺；羽片等距排列，剑形，最大的长 60 ~ 75cm，宽 3.5 ~ 6cm，钻状渐尖至急尖，基部下面具深弯折，中脉粗壮、凸起，两面具刺状刚毛，边缘疏被微刺，先端具稍密的刚毛，上部的羽片渐短而狭；叶柄长，近圆柱形，具轮生或半轮生的长刺；叶鞘在腹面张开（不完全的管状），具密集而不整齐的近成列的长刺；托叶鞘很大，在成龄叶的腹面纵裂成 2 个大的长耳状，上面密被成横列的黑色短刚毛。雌雄花序异型，雄花序基部为三回分枝，上部为二回分枝，长约 3m，具 4 ~ 5 个分枝花序，不具或具短纤鞭；下部的分枝花序最大，长 30 ~ 50cm，二次分枝，每侧约有 10 个小穗状花序，长 15cm，每侧有 15 ~ 20 朵花；大小佛焰苞被褐色鳞秕，一级佛焰苞由管状纵裂成纤维状，多少具刺，二级佛焰苞漏斗形，一侧延伸为撕裂状的尖，小佛焰苞为不对称漏斗形；总苞杯状，几乎包在小佛焰苞内；雄花几乎完全伸出于小佛焰苞，长约 9mm，直径 3mm；花萼钟形，3 裂；花冠长于花萼 2 倍，3 深裂；雌花序长约 1.3m，二回分枝，顶端退化成 1 个小穗状花序或纤弱的短尾状附属物，具 7 ~ 8 个分枝花序，每侧有 7 ~ 10 个小穗状花序，下部的长 15cm，每侧有 10 ~ 15 朵花；一级和二级佛焰苞与雄的相似，小佛焰苞漏斗形；总苞托侧生于小佛焰苞的近底部，总苞杯状，不超出或稍超出总苞托；中性花的小窠明显新月形；雌花宽圆锥状，长约 6mm；花萼圆锥状，3 齿裂；花冠稍长于花萼，裂片 3。果被扁平；果实椭圆形或卵状椭圆形，全长 2.7 ~ 3.5cm，直径 1.8cm，基部圆形、几不具梗，顶端具短喙状乳头突起，鳞片 12 纵列，中央有宽的沟槽，下部淡黄色向顶部为红褐色或栗褐色，近边缘具黑色线，边缘干膜质，啮蚀状。种子长卵球形，长 2 ~ 2.4cm，直径 1.2 ~ 1.5cm，两端稍圆，基部较宽，横断面近圆形，表面具稍细的洼点，胚乳嚼烂状，胚基生，偏斜。花果期 12 个月。

地理分布和生境：本种仅见于云南西部盈江西部海拔 270 ～ 500m 的热带森林中，为我国稀有植物。

资源利用：藤茎可供编制物品。

开发推广：可作为绿化、藤篾编制产品原料种植。

丛生植株　　　　　　　花序　　　　　　　　果序

藤冠

藤篾编织品

二十一、重阳木

学名：*Bischoffia polycarpa* (Levl.) Airg Shaw。

异名：秋枫、茄冬、万年青、酸菜树、血树。

科属：大戟科 Euphorbiaceae，重枫属 *Bischoffia*。

标本来源：瑞丽，海拔 1000m 河边丛林中。

形态和习性：常绿或半常绿乔木树，高过 30m，胸径达 1m。树皮灰褐色，粗糙；韧皮部为深褐色，具有红色乳液，小枝无毛。掌状三出复叶，互生，质地较厚；小叶卵形或椭圆卵形，长 6～15cm，宽 3～8cm，先端常短尾尖，基部楔形；侧脉 5～8 对，边缘有粗大锯齿；小叶柄长 1～3cm，叶轴长 8～20cm。花小，绿色，单性，雌雄异株，无花瓣，疏散；雄花组成顶生或腋生圆锥花序，萼片 5 数，雄蕊 5 枚；雌花组成总状圆锥花序，也为顶生或腋生，萼片 5 数，花柱 3。浆果球形，肉质，熟时蓝黑色或暗褐色，直径 6～10mm。种子椭圆形，褐色，长约 5mm。

花期 4～5 月，果期 8～10 月。

地理分布和生境：重阳木是亚洲热带至亚热带的树种，广泛分布于我国华南、西南和东南亚诸国，至印度、印度尼西亚等地。在云南省沿主要的大江河，如金沙江、澜沧江、怒江、红河、南盘江等的下游河谷生长。在滇南和滇西南河谷地段的阔叶林或疏林内分布，其上线可达海拔 1500（1800）m。在德宏州各县都有生长，也可以沿河谷两岸垂直带海拔 400～1500m 的热带至南亚热带常绿阔叶林、疏林、林中空地、林缘等分布。

其自然分布区表明该树种向阳、喜暖热湿润的立地条件，对土壤要求不高，但以冲积土上生长最好。常分散生长在山地雨林和季节雨林遭破坏地段。

资源利用：因其具有树冠常绿、开阔似伞，三出复叶，亮绿叶面等特点，常在城市园林绿化、景区布置、行道树、护堤护岸林等生态环境建设中加以利用，南方许多地区都有栽植。

重阳木是一种速生且材质良好的树种，木材为散孔材，心、边材区分不明显；木材褐色，有光泽，花纹美观；湿材略有酸味，纹理直，结构细，收缩小，力学强度中等，气干容重中等（0.704g/cm³），易干燥，变形小，锯刨容易，切面光滑；油漆及胶黏性良好，耐腐蚀性强。所以，木材可用于建筑、桥梁、枕木、地板、

叶

枝叶

果枝

植株

家具、雕刻、细木工等。

其种子含油量达 30%，据中国科学院西双版纳热带植物园对采自勐腊的种子进行分析，其种子含油率为 26.2%，油的折光率（40℃）为 1.4719，比重（40℃）为 0.9220，碘值为 152.3，皂化值为 192.3，酸值为 3.8，皂化物为 1.4%。其脂肪酸的组成（%）如下：棕榈酸 10.2，硬脂酸 6.4，油酸 19.6，亚油酸 25.9，亚麻酸 37.9。油呈淡黄色，属不干性油，有气味，可作润滑油，还可食用。

另外，其树皮可提炼单宁；果实味酸甜，可食；果肉可以酿酒。

开发推广：在海拔不过 1000m 的热带山地雨林、季节雨林、受干扰的地段和季雨林中常有重阳木生长；亚热带沟谷林中水湿条件较好地段也常有其与针叶树（云南松、思茅松）混交成林，直到海拔 1500（1800）m 的山地。水热条件充裕时，重阳木胸径年均增长 1.5cm，连年生长量最高超过 2cm，高生长平均为 70cm，连年生长量超过 1m。7～8 年生长便进入开花结实期。

重阳木采用种子育苗方式繁殖。在秋后 10～12 月，种子成熟时呈黄褐色，挂满树冠，结实丰富，容易收集。摘下的果实须揉洗，清除果肉，晒干种子。可随采播种，也可将种子储藏到翌年春季时播种。撒播或条播，条播距离 30cm，覆土 1cm，播后适时浇水、松土，管理与施追肥。半年生苗高达 40～50cm，1～2 年生苗木便可定植造林。造林地应择水湿充分的地段，栽植得宜，成活率高达 90% 以上。重阳木有低分枝特征，管理除松土、除草外，应加强修整，修去低分枝，保持树干直立。另外，重阳木还可扦插繁殖，有成活率高达 90% 的报道。

二十二、云南七叶树

学名：*Aesculus wangii* Hu。

异名：无。

科属：七叶树科 Hippocastanaceae，七叶树属 *Aesculus*。

标本来源：瑞丽市莫里热带雨林景区，海拔 750m，花岗岩，沟谷次生林中。伴生树种有苹婆、木棉、鱼尾葵、箭根薯、老虎皮。

形态和习性：落叶乔木，高达 20m，有树脂，树皮黄褐色，片状脱落；冬芽有鳞片，小枝无毛，有多数淡黄色皮孔。掌状复叶，叶柄长达 18cm，无毛；小叶 5 ~ 7 片，纸质，光滑；常呈椭圆形，长达 18cm，宽至 6cm，先端锐尖，基部宽楔形，边缘有密锯齿；上面无毛，深绿色，叶背淡绿色，幼时沿叶脉有稀疏的短柔毛，后无毛，侧脉 17 ~ 24 对；小叶柄短，3 ~ 7mm，幼时有毛和腺体，后无毛。花序为顶生圆筒状的聚伞圆锥花序，长达 40cm，被粉屑状微柔毛；基生小花序有 4 ~ 9 朵花，花杂性，萼管长近 1cm，花瓣 4 数；蒴果近球形，稀倒卵形，长达 6cm，直径 6 ~ 7.5cm，顶端有短尖头。种子近球形，直径约 6cm，种脐大，约占种子的 1/2。

花期 4 ~ 5 月，果期 9 ~ 10 月。

地理分布和生境：云南七叶树是国家三级珍稀保护树种。同属的树种在世界分布约有 30 种，我国约有 1/3，其中在云南生长的有 6 种 1 变种，在德宏地区有 2 种：云南七叶树和澜沧七叶树（*Aesculus lantsangensis*）。

云南七叶树在云南省内的分布区主要是滇东南及滇中南，在德宏州的芒市、瑞丽、陇川、盈江等市县海拔 750 ~ 1900m 的季风常绿阔叶林区或疏林区生长，有时还会成群生长。在文山、红河的相应地段调查，有多株古树大树，树高达 36m，胸径至 120cm，树龄超过 20 年。足见云南七叶树适宜在南亚热带湿润气候下生长，而且偏好喀斯特地貌的缓坡、沟谷、台状山地，反映出该树种喜欢温暖湿润和钙质土壤的生态特性。另外，因其有年末落叶的习性，故其对寒冷冬季也有一定的适应能力。

资源利用：中国科学院广西植物研究所对隆林的云南七叶树种仁进行分析，其种仁含油量为 28.4%，油的折光率（25℃）为 1.4526，比重（25℃）为 0.9623，碘值为 82.5，皂化值为 191.8。脂肪酸的组成（%）如下：棕榈酸 9.9、硬脂酸 3.3、山嵛酸微量、油酸 69.3、亚油酸 17.5。七叶树种子的油酸是合成洗涤剂的优良原料。

同时油酸可氧化裂解成壬酸、壬二酸，还可作为合成纤维与尼龙的原料。

云南七叶树的木材黄白色，纹理直，结构细，有光泽；易加工，创面光滑，不变形，不劈裂，是优良的房建、家具、包装用材；还是制作绘图板、玩具、美术工艺品的特殊用材。同时，其树形高大、树姿壮丽、掌状叶优美、果硕大且奇特，被选为高级观赏树种。此外，种子含淀粉，其果实作药用，有理气、散郁、安神、杀虫等功效。

开发推广：繁殖采用播种育苗，因种子成熟后容易丧失发芽力，宜随采随播。种子成熟期在 9～10 月，产果量大，树冠下每平方米有 1～2 粒种子，每粒种子重 20～45g，最重达 50g，遇潮湿条件，即能发芽，发芽率达 82%，但发芽期仅有 2～3 个月。若用带果皮的种子在低温下沙藏也可延长发芽期。播种时，注意让种脐向下，冬季还须防寒。出苗后一年生苗即可出圃种植。

综合上述，云南七叶树是集油用、药用、材用、庭院观赏为一体的综合优良树种。

叶（正面）

叶（背面）

花序（一）

花序（二）

果序

幼树

植株

二十三、阴香

学名：*Cinnamomum burmannii*（Nees et T. Nees）Bl.。

异名:天竹桂、山玉桂、阿尼茶（玉溪）、桂树、小桂皮、香桂、Mai jie me（傣语）。

科属：樟科 Lauraceae，樟属 *Cinnamomum*。

标本来源：梁河县海拔 1700m，山地常绿阔叶林，行道树栽培。

形态和习性：常绿乔木，树高达 20m，胸径至 80cm；树皮光滑，灰褐色，内皮红色，香油味似桂皮；小枝光滑无毛。叶革质，近对生，卵形或椭圆披针形，长达 12cm，宽至 5cm，先端渐尖，基部宽楔形；叶背粉绿色，无毛，离基三出脉，网脉两面稍突尖；叶柄长至 1.2cm，近无毛。圆锥花序腋生，长 3 ~ 6cm，少花，疏散，密被灰白色微柔毛；花绿色，长约 5mm，两性。浆果，卵形，长约 8mm，直径 5mm；果托盘有 6 齿裂，齿端平截。

花期 4 月，果期 10 ~ 11 月。

地理分布和生境：阴香是亚热带常绿阔叶林和热带季节性雨林中的森林树种，分布于东南亚至印度、印度尼西亚、菲律宾等地区，在国内华南、广东、广西、福建、海南和云南等省区分布。云南的主要分布区在滇东南、滇西南海拔 2100m 以下的石灰岩山地。在德宏州的盈江、梁河等县海拔 1500 ~ 2100m 的山地常绿阔叶林、疏林、次生灌木林中生长。

资源利用：阴香树冠宽阔，浓密，叶片亮绿，三出叶脉，树形十分优美，而且有一定的抗旱能力。所以，华南和西南的许多城市选它作为园林绿化、行道树的优良树种。在滇南、滇东南至滇西南更是作为当家树种。

阴香的树皮、叶、根均可提制芳香油，用于制药、食品、化妆品等的香精。其芳香油含柠檬醛，是合成紫罗兰酮和甲种维生素的重要原料；叶可配制腌菜和肉类罐类的香料；种子含油量高，可榨油。据中国科学院西双版纳热带植物园对当地产的阴香种仁进行分析，其含油率达 61.2%，折光率（40℃）为 1.4420，比重（40℃）为 0.9183，碘值为 3.5，皂化值为 262.9，酸值为 0.8。脂肪酸的组成（%）如下：癸酸 25.5、月桂酸 64.5、棕榈酸 3.9、硬脂酸微量，油酸 3.5、亚油酸 2.5。

阴香木材纹理通直，结构细致，切面有光泽，褐色，干燥后不开裂，耐腐蚀，是建筑、枕木、车辆、高级家具和细木工用材。

开发推广：阴香是南亚热带至热带的广谱绿化和经济树种，在德宏地区乃至滇中高原以南的低山区都可以推广种植。阴香主要用种子育苗。种实一般于 10 ～ 11 月成熟。成熟果实呈黄绿色至橙黄色时即可采收，种子千粒重 150g，采后不要在阳光下暴晒，应通风阴凉干燥。为避免降低发芽率，宜即时播种，苗圃需搭荫棚，防止幼苗日灼。一般 2 年生幼苗可出土造林，株行距 2m×2m。若在海拔 2000m 地段种植需防止冬春的霜冻。但偶有的轻霜对其损伤不重，来年春夏还能复生。

叶（正面）　　　　　　叶（背面）

花（一）　　　　花（二）　　　　枝、叶、果

枝叶　　　　　　植株

二十四、肉桂

学名：*Cinnamomum cassia* Presl.。

异名：玉桂、桂树、筒桂、牡桂、桂皮、桂枝、Mai mu bi（德昂语）。

科属：樟科 Lauraceae，樟属 *Cinnamomum*。

标本来源：芒市，海拔 1050m 庭院栽培植株。

形态和习性：常绿乔木，高 6～15m；树皮灰褐色，厚达 13mm；顶芽芽鳞和幼枝密被灰黄色茸毛，幼枝略有四棱；小枝略被绒毛。叶互生或近对生，革质，长椭圆形至近披针形，长达 16cm 以上，宽至 5.5cm 以上；先端略急尖，边缘内卷，上面绿色，有光泽，下面淡绿色，疏被黄色短绒毛；离基三出脉，侧脉近对生，与中脉上面凹陷，下面凸起；叶柄粗短，长约 1.5cm，被黄色短绒毛。圆锥花序腋生或近顶生，长至 16cm，3 级分枝，花序轴被黄色绒毛。花白色，小，长不过 0.5cm，两性，三基数；花的各部均被绒毛。果实椭圆形，长约 1cm，黑紫色，无毛；果托浅杯形，边缘有齿，宿存。有种子 1 粒。

花期 6～8 月，果期 10～12 月。

地理分布和生境：原产我国，在华南的广东、广西、福建和云南的热带、亚热带地区广为栽培，分散至人工纯林。在东南亚的越南、老挝、印度尼西亚至印度有栽培。在云南南部，从东南到西南的德宏州各市县较为常见。肉桂的生态特性是喜欢热区的湿热生境，多在海拔 1000m 以下的山地雨林和季风常绿阔叶林区生长。其自然分布范围在北纬 24°30′ 以南，山地海拔 100～1200m。其适宜的气候特点是暖热多雾，潮湿，没有霜冻；年平均气温为 19～22.5℃，年降水量 1200mm 以上，立地土壤为砖红壤或砖红壤性类型，肥沃、疏松、通气、排水良好。肉桂是半阴生树种，幼树喜生于阴生林下，但成年后需光照，光照差不仅生长慢，而且树皮薄，含油量少。

资源利用：肉桂的树皮、枝、叶、花、果均可以蒸馏提油，统称为桂油、桂品；树皮含油 1%～2%，称桂皮；鲜枝、叶含油 0.3%～0.4%，枝条称桂枝，嫩枝称桂尖，叶柄称桂梗；果实含油 1.5%，果托称桂盅，果实称桂子，初果称桂花或桂芽。肉桂油主要成分是桂醛（80%～90%），其次是丁香脑等成分，是多种有机香料和化工合成的原料。可以用于制作化妆品、巧克力和作为香烟的配料，还是药用矫味剂、祛风剂、刺激性芳香剂及防腐剂的配制原料。

桂皮具有温中补阳、散寒止痛、祛风健胃等功能，用以医治腰膝冷痛、虚寒胃痛、消化不良、腹痛吐泻、受寒经闭等症。

桂皮、桂枝、桂油是我国的特产，世界产品的 80% 出自我国，在国际市场上享有盛誉。春季（清明前后）剥的肉桂树皮品质差，7 ~ 8 月的肉桂树皮品质较好；干制的成品分为卷筒桂、板桂、企边桂、桂边、红皮、桂粉、桂碎等。肉桂的花、枝、叶、籽等制成桂盅、桂枝、桂丁（叶柄）、桂子等药材。

另外，肉桂木材为散孔材，淡褐色，纹理细致通直，质地优良，有香气，是工艺、饰物、家具等的高级板材。

开发推广：滇西南德宏州和相邻的保山地区是肉桂生长的适宜区，从栽培的肉桂提取化工香精原料及肉桂的广谱药用性看，其大有发展前途。

肉桂主要靠种子育苗繁殖，6 ~ 8 月开花，年底结果，翌年初果熟，果熟期先后不一，易被鸟雀采食，故须即时采摘。采种后即时搓除和冲洗果皮，便可播种，随采随播最好。种子千粒重 250 ~ 420g，可条播和点播，每亩须 12 ~ 20kg。播后盖土、覆草、保湿、遮阴等。当年萌苗可长高至 20cm，次年拆除荫棚，2 ~ 3 年生苗高至 50 ~ 100cm，便可出苗移植造林，造林地必须全垦整地，可造纯林，也可与农作物间作，以耕代抚。实行矮林作业法管理 5 年之后，林高达 3m，胸径达 5cm 以上，即可开发利用。

枝叶（正面）

枝叶（背面）

中药饮片

二十五、细毛樟

学名：*Cinnamomum tenuipilum* Kosterm.。

异名：无。

科属：樟科 Lauraceae，樟属 *Cinnamomum*。

标本来源：瑞丽珍稀植物园，山地南坡，海拔 1120m，砖红壤，人工次生林，伴生树种有西南木荷、杯状栲、刺栲。

形态和习性：常绿乔木，高达 25m，胸径达 50cm；树皮、小枝和叶片均含芳香油；小枝细，幼时密被灰色绒毛，后渐无毛。单叶互生，聚生于枝梢；坚纸质，倒卵形或近椭圆形，长达 14cm，宽至 7cm，两面密生柔毛，主脉和侧脉在上面凹下，背面突起；侧脉每边 6～7 条，弧曲上升，在叶缘内消失，细脉不显；叶柄密被灰绒毛。圆锥花序腋生或顶生，总梗纤细，各级序轴密被灰色绒毛。花小，淡黄色，花梗密被灰色绒毛；除子房外，花各部均密被绢状微柔毛，花被筒倒锥形，花被裂片 6，能育雄蕊 9 排外轮，退化雄蕊 3 排内轮。果近球形，直径 1.5cm，成熟时红紫色，果托伸长达 1.5cm，顶端增大呈浅杯状，直径达 8mm。

在西双版纳生长的细毛樟生长较好，高生长前期平均每年长高 1m，5 年生高至 6m。每年 11 月至翌年 1 月生长停滞，与旱季有关，且有季节性换叶现象。8 年生开始开花结实，有的 4 年生就会开花结实。

花期 2～4 月，果期 6～10 月。

地理分布和生境：樟科樟属树种在德宏州有 13 种，各县都有多种分布。细毛樟主产在瑞丽江畔山区，在芒市、瑞丽、陇川、盈江都有分布。多见于山地季风常绿阔叶林、沟谷季节雨林，以及相关的疏林中。

细毛樟生长要求季风南亚热带气候的水热条件，能耐 –4.5℃的低温，所以在山区海拔 600～1300m 都较适宜生长分布。

资源利用：细毛樟树干通直，木材纹理细致，和多种樟树、楠木树同为优质材用树种。木材用于家具、装修、胶合板面料、建筑高级用材等。从叶片中提取的精油是香料、化妆、化工、医药、保健品等的重要工业原料。尤其是香油中的芳樟醇和金合欢醇是高级香樟和相关合成化工的重要原料，具有很高的经济价值。

细毛樟叶片油的主要成分可分出多个化学型，是迄今少见的香料类型多样的植物种质资源。其中芳香醇型、芳樟醇型、金合欢醇型、甲基丁香酚四类的用途广，价值高。中国科学院西双版纳热带植物园对 2 ～ 3 年生树的鲜叶进行分析，其出油率为 1.31% ～ 2.03%，精油的主要成分有金合欢醇、香叶醇、芳樟醇、甲基丁香酚、柠檬醛、1,8- 桉油素、樟脑、龙脑、榄香树脂等。

其中，细毛樟的芳樟醇主要在枝叶精油和果皮精油中。鲜叶中的精油成分有 22 种，主要是芳香醇（97.51%），其次为金合欢醇（0.65%）、β- 丁香烯（0.34%）、δ- 杜松烯（0.32%）、α- 胡椒烯（0.27%）、橙花叔醇（0.20%）等。

另外，分析发现嫩叶含油量为 1.75%，含醇量为 99.15%；老叶含油量为 1.59%，含醇量为 97.44%。叶龄和含油量相关，幼叶多于老叶。同时，年内的生长旺盛期（4 ～ 10 月）含油量高于生长迟缓期。

开发推广：细毛樟不只是材用树种，更是樟叶精油和化学类型多样性的植物种质资源，以及开展引种驯化和开发种植的理想树种。一般种植 3 ～ 4 年后便可采收枝叶蒸馏芳香油。因其主、侧根系发达具有较强的萌发习性，砍樵或修剪后，新的枝叶又会很快萌生，从根茎处长出新的植株，呈丛生状态。采后 1 ～ 2 年又可再次利用。可见细毛樟是德宏州有发展潜力的树种资源。

据中国科学院西双版纳热带植物园的栽培试验，细毛樟采用种子繁殖或无性繁殖的扦插与嫁接都比较容易成活。其中，大规模的培育以种子繁殖为好，每年 7 ～ 8 月采摘细毛樟成熟的种子时，选择紫黑色或紫红色饱满的果实，沉水选种，随采随播，也可选用湿沙催芽，发芽率可达 95% 以上。播种 10 ～ 15d 后开始发芽，全程 80 ～ 100d，生长 5 ～ 6 个月，幼苗高可达 50 ～ 70cm，待雨季来临后移植造林。同时，苗木也可作砧木使用。

枝叶标本

果枝

枝叶

植株

二十六、潺槁木姜子

学名：*Litsea glutinosa* (Lour.) C. B. Rob.。

异名：黏香树、香皮树、油槁、胶樟、潺槁树、大香樟、牛膀皮、豆腐渣、Mai mi ming（德昂语）、Mai bao（景颇语）。

科属：樟科 Louraceae，木姜子属 *Litsea*。

标本来源：盈江，海拔 800m 山箐季节雨林中。

形态和习性：常绿阔叶乔木，高达 15m，树皮灰色或灰褐色，纵裂，内皮有黏胶质；小枝灰褐色，幼时密被污黄色绒毛。单叶互生，革质，倒卵至椭圆披针形，长 10（26）cm，宽 8（11）cm；先端钝圆，基部楔形至钝圆，上面绿色，沿中脉密被灰黄色绒毛，叶背密被灰黄绒毛至无毛，幼时两面均密被毛；羽状叶脉，侧脉 8 ～ 12 对，直伸，中脉、侧脉在叶背面明显突起，叶柄长至 2.6cm，密被灰黄色绒毛。伞形圆锥花序生于枝端叶腋，单生或数个组成伞房圆锥花序；花轴、花梗及花各部均被黄色绒毛；花被不全，雌雄异株，雄花有能育雄蕊 15 ～ 30 枚，雌花子房近圆球形。果实球形，直径 7mm，果托浅盘形；果梗长 5 ～ 6mm，先端略增大。

花期 4 ～ 6 月，果期 7 ～ 10 月。

地理分布和生境：潺槁木姜子属东南亚热区树种，自我国到印度、菲律宾、越南等国都有分布。在我国的华南及云南等省区的季风亚热带和热带地区，包括季风常绿阔叶林、季节雨林、山地雨林和雨林中都有生长。德宏地区各县市海拔 500 ～ 1900m 的山地森林、林缘、疏林、次生林、灌丛之中广泛分布。伴生树种常有截果石栎、华南石栎、银叶栲、滇黄杞等。

资源利用：木材黄褐色，稍坚硬，耐磨，有香气，是优质家具用材。树皮和木材含胶质，可配制黏合剂和助凝剂。种子含油率为 50.3%，可作为制皂和硬化油原料。民间以茎皮和叶入药，有清湿、消肿毒、祛瘀散血、止血生肌、止腹泻的功效，外敷有治疮痛的作用。

据中国科学院西双版纳热带植物园对采自西双版纳勐腊的潺槁木姜子种子进行分析，其含油率为 57.5%，油的折光率（60℃）为 1.4452，比重（60℃）为 0.9378，碘值为 6.6，皂化值为 253.3，酸值为 4.5，不皂化物为 2.2%。脂肪酸的组成（%）如下：癸酸 2.4、月桂酸 81.7、肉豆蔻酸 14.2、棕榈酸 0.9、油酸 0.8。

开发推广：潺槁木姜子不仅用途广、经济效益高，而且有较强的生态适应力和天然更新能力。所以成为热区森林林缘，疏林地次生林地、灌丛等森林恢复的常见树种。

潺槁木姜子的繁殖可用种子育苗和萌蘖两种方式。但以种子育苗易行、快速。每年 9 ～ 10 月采集成熟果实，搓除种皮，洗净晾干，储存在通风干燥的室内，经常翻动，防止霉变。每年 2 ～ 3 月准备播种育苗，播种前首先用草木灰或纯碱水（5%）浸泡，并掺合 30% ～ 50% 泥沙与种子反复揉搓，除去蜡质；再用 45℃温水浸泡 2h，起催芽作用；接着用 0.5% 的高锰酸钾溶液浸泡 2h 以消毒。然后条播，覆土，盖草，浇水，保湿管理；经 3 ～ 4 个月后，苗出齐，长高到 30 ～ 50cm，便可出苗移栽造林，株行距 2m×3m；若能与其他树种一起营造混交林更好。

叶、果枝（正面）

叶、果枝（背面）

植株

二十七、红椿

学名：*Toona ciliata* Roem.。

异名：红楝子、中国桃花心木、红楝子、Mai yong liang（傣语）、Ban sin（景颇 - 载瓦）。

科属：楝科 Meliaceae，椿属 *Toona*。

标本来源：各县市海拔 560 ～ 1550m，山地季风常绿阔叶林中。

形态和习性：落叶或常绿大乔木，高可超过 30cm，胸径可达 2m；老树树皮黑褐色，近方块状开裂；小枝幼时被细柔毛，干时红色，疏具皮孔。偶数或奇数羽状大复叶，长 30 ～ 40cm，叶柄长 6 ～ 10cm，小叶 6 ～ 12 对，长 11 ～ 12cm，宽 3 ～ 4cm，对生或近对生，卵状或长圆状披针形，有急尖，全缘，基部上侧稍长，表面无毛，背面仅脉腋具束毛，侧脉纤细，18 对，小叶柄长约 1cm。圆锥花序与叶茎等长，松散。花白色，两性花，有蜜香味，萼片 5 数，花瓣 5 数，卵状长圆形，长不过 5mm，两面无毛；花药 5 枚，无毛；子房被粗毛，5 室。蒴果椭圆状长圆形，革质，皮薄，长 2 ～ 2.5cm，干时褐色，无皮孔；种子两端具翅，长 15mm。

花期 4 ～ 5 月，果期 7 月。

地理分布和生境：红椿是越南、缅甸、泰国至印度、孟加拉国、伊里安岛，澳大利亚洲东部等地热带生长的树种。在我国的广东、广西、云南、贵州等热区分布。在云南的德宏州、红河州、临沧地区、西双版纳州、文山州等海拔 350 ～ 1500m 的沟谷、溪边及山地疏林中自然生长，人工栽培在云南各州都有，直至金沙江河谷、滇中高原河谷、滇西北怒江河谷等沿岸也有成群分布。河谷栽培选择海拔 800 ～ 1500m 山地，也有上限达 1900m 的。

红椿是热带和亚热带的树种，适应性强，以季风南亚热带气候为适宜环境。天然红椿多数生长在山地雨林与季风常绿阔叶林中，相伴树种是樟科、壳斗科、木兰科、山茶科等亚热带森林的典型树种。红椿有喜暖湿、向阳的特性，但又抗旱、耐干热，在金沙江、澜沧江、红河等河谷常栽培成巨树生长，突显出暖热带条件对其生存的重要性。其分布区年降水量需在 700mm 以上，年均相对湿度为 65% ～ 85%，水热系数为 1.1 ～ 2.4，在干热河谷地区，须选择土壤湿润的地段种植。

红椿对土壤要求不严,在沿河的冲积土,森林砖红壤,砖红壤性红壤、红壤、黄壤,乃至有一定湿润条件的石灰岩土壤等上都可以。但最适宜的土壤类型是略带酸性、湿润、深厚的常绿阔叶林土壤。

红椿在水湿条件充分的暖热生境中表现为常绿或半常绿的习性,当遇到干旱或低温环境影响时,表现出落叶休眠习性。它的这种适应性和变异,反映在云南有4个变种。其中,有2个变种分布在德宏州,它们是滇红椿(*T. ciliata. var. yunnanensis*)、毛红椿(*T. ciliata. var. pubescens*)。滇红椿分布的海拔偏低,在300～1400m的山谷、溪旁、山坡疏林中,在芒市称为"野椿"。其与红椿的区别是小叶较小,长4～11cm,最下一对小叶卵形,最小;叶片基部上侧圆形,较长;花瓣外面多少被柔毛;果实椭圆形,具细小皮孔,被列为国家二级保护树种。毛红椿分布海拔较高,与滇西、滇中分布衔接,海拔1400m以上,甚至突破3000m。其形态特征是叶轴和叶背面被柔毛,花丝和子房被柔毛;蒴果先端浑圆。红椿及其变种的分布扩大了红椿的开发空间,尤其是在山区不同海拔带的种植。

资源利用:红椿是热区优良速生的红木类材用树种,木材深红褐色,边材色较浅,花纹色泽美观,有明显香脂气,防虫蛀,也耐腐;材质轻软至中等;干缩中等,易干燥,变形小;易加工,油漆和胶黏性能好;适于制作高级家具、胶合板、贴面板、箱柜、模具等。但其木材纹理交错,不易刨光,材质色泽经日光照射会逐渐变暗,这是其不如同类椿木木材的缺点。

树皮含单宁12%～18%,纯度90%～91%,属凝缩类胶,可用以提制烤胶。树皮受伤后会分泌出大量黄棕色透明树胶,可用以替代阿拉伯胶,作为胶黏剂。

红椿是材用树种中材性优质的树种,特别是在当今红木类木材稀缺的情况下,注重其发展十分迫切。若能结合河谷绿化植树、次生林改造,更可获得综合效益。

开发推广:红椿繁殖靠种子育苗,有利条件包括:①其结实率高,种子多,易采集;②种子出苗率高;③苗木生长快。每年6月前果实成熟,便可采种,随采随播,发芽率可达90%以上;若晾干、麻袋储藏到翌年3月,发芽率也可保持50%以上。采用条播法,到6～7月,苗高可达30cm以上,此时便可移苗种植造林。立地选择土壤深厚的河边、沟边、坡脚等冲积土、坡积土厚实地段,挖深50cm见方的大穴种植,并且每年春、夏管理各1～2次。

红椿是速生树种。在良好的立地条件下,生长旺盛期间当年可长高达2m,胸径粗2.5cm以上。在文山的常绿阔叶林中一株30年大树,高21.2m,胸径45.8cm,单株材积1.96m³,分别是同龄杉木生长量的1.5倍左右。而且红椿十分长寿,百年大树,枝叶茂密,胸径超过1m,依然结实累累。

枝、叶、花

幼树

植株

二十八、毛瓣无患子

学名：*Sapindus rarak* DC.。

异名：买马萨（西双版纳）、皂角树、Mai ma sha（傣语）。

科属：无患子科 Sapindaceae，无患子属 *Sapindus*。

标本来源：瑞丽市户育乡农场，海拔 852m，橡胶林林缘，伴生树种有三叶橡胶树、香椿、缅竹等。

形态和习性：落叶乔木，高达 20m。幼枝被黄色微毛。偶数羽状复叶，无托叶；小叶 7 ～ 12 对，对生或互生，全缘；叶轴连柄长达 50cm，具有 2 槽；小叶斜卵状长圆形或长圆状披针形，长至 12cm，宽近 3cm，先端尖，基部偏斜，上面光泽，下面近无色；侧脉细密，两面凸起；小叶柄长 2.5mm。圆锥花序顶生，长约 25cm，多花密集；花各部被黄色绒毛；花瓣 4 数，长约 3mm，内侧基部有一膜质 2 裂的鳞片，雄蕊 8 枚，有毛；子房无毛，三室仅一室发育。果为核果，球形，直径 2 ～ 3cm；果皮肉质，富含皂素。种子黑色，光亮，直径约 1cm；子叶肥大，叠生。

花期 5 月，果期 7 月。

地理分布和生境：毛瓣无患子自然分布于亚洲热带各地，如印度、马来西亚、中南半岛、印度尼西亚，以及我国的台湾和滇南地区。在德宏州各县海拔 700 ～ 1600m 的山地、沟谷、疏林、路边、村旁等均可见分散生长。除毛瓣无患子外，同属的川滇无患子（*S. delavayi*）和无患子（*S. mukorosii*）也于州内各市县低中山地生长，其生态习性和生境多有相似之处。

资源利用：据中国科学院西双版纳热带植物园对滇南勐腊产的毛瓣无患子种仁进行分析，其种仁含油率为 27.5%，油的折光率（20℃）为 1.4721，比重（40℃）为 0.9141，碘值为 76.4，皂化值为 205.6。脂肪酸的组成（%）如下：棕酮酸 8.8、硬脂酸 2.3、花生酸 11.4、山葡酸 1.9、十六碳烯酸 0.7、油酸 49.1、二十碳烯酸 19.7、亚油酸 6.1。

油脂可制肥皂和润滑剂，还用作驱蛔虫药。果皮含有二萜皂素，可代替肥皂洗濯去污；也可煮水喷洒，防治害虫。与毛瓣无患子同属的其他两种植物种仁含油率也在 30% 上下，而且油脂成分和性质与其相近，具有同样的经济价值。

在德宏地区分布的 3 种无患子属植物都是速生乔木树种，主干明显，材质轻软，边材宽，显姜黄色；心材不明显，色浅有光泽，强度中等，可用作箱板、家具、木梳、烟斗等家庭生活用材。

开发推广：毛瓣无患子结实丰盛、种子较大、子叶肥厚，用种子直播或苗圃育苗造林均可。种子育苗，多采用条播形式，早春条播，一年生苗即可出圃造林。直播造林，在雨季前 2 ~ 3 周对种子催芽，赶上雨季来临，打塘直播造林。

毛瓣无患子是一种喜暖向阳、适应性强、高产速生的乔木树种，加之它的多用途功能，在德宏州山地海拔 500 ~ 1800m 的沟箐边、疏林地、行道、四旁等均可种植造林。

叶（正面）　　　　　　　　　　叶（背面）

花枝

花、果枝

果

果枝（一）

果枝（二）

植株

二十九、顶果树

学名：*Acrocarpus fraxinifolius* Wight ex Arn.。

异名：树顶豆、桪叶豆、格朗央（瑶族）、泡椿。

科属：豆科 Leguminosae，顶果树属 *Acrocarpus*。

标本来源：陇川，海拔 1200m 河边林内。

形态和习性：落叶大乔木，高达 50m，胸径粗至 1.5m；树干通直，圆满，具板状根；树皮褐色，有浅纵裂；幼枝、芽、叶轴及花轴均被褐色绒毛；幼枝灰白色，有明显皮孔，内部黄红色。大型二回羽状复叶，互生，长达 130cm，宽至 100cm，有羽片 5 ~ 11 对，每对羽片有对生小叶 10 ~ 18 枚；小叶坚纸质，卵状或椭圆状，长达 10cm，宽至 4cm，基部略偏圆，全缘，幼枝被柔毛；小叶柄和总柄基部膨大。总状花序，长至 30cm，直立生于近顶端的叶腋内，密被锈褐色茸毛；花多数，螺旋状排列于花梗上，密集成圆柱状，萼筒钟状，有 5 枚卵状三角形裂齿；花瓣 5 数、红色，舌状线形；雄蕊 5 枚，着生于萼筒上；子房扁棒状，胚株 15 ~ 20 粒。果序大型，荚果扁带形，木质，黑褐色，宽约 2cm，长达 20cm，基部收缩成细柄，荚果一侧具宽约 4mm 的狭翅；宿存杯状萼管。种子扁短圆形，骨质，褐色，平滑有光泽。

花期 4 ~ 5 月，果期 9 ~ 11 月。

地理分布和生境：顶果树是东南亚缅甸、越南、泰国、马来西亚至东部印度分布的热带森林树种，在我国云南南部至西南部河谷热带可见，沿滇西河谷北上分布到普洱以北的景东、昌宁、建水、元江，以及怒江中游。在德宏地区的芒市、瑞丽、陇川、盈江均有分布，生长于海拔 1500m 以下的低山，河谷土壤深厚、水湿条件充分的冲积地段和沟谷雨林中。

顶果树适生区的年平均气温为 18 ~ 21℃，包括热带北缘的雨林区，以及沿滇西南河谷向北楔入，有明显季节变化的季节雨林区。顶果树是森林上层树种，树高可达 40m 以上，且有发达的板根。在怒江中游河谷，还和攀枝花混交成林。由于其具喜光习性，林内难见其幼树、小树，但在林缘、林窗、路边、河边、撂荒地等开旷地常见其生长，乃至成小片纯林。

资源利用：顶果树生长十分迅速，在西双版纳普文 4 年生的树高达 6m，胸径

5.5cm；20 年生树高 30.1m，胸径 30.5cm，单株材积超过 1m³。人工栽培的一年生幼苗，可长高达 4m，胸径 4cm；4 年生高至 8m，胸径 10cm。其生长特点是初期迅速，树高生长高峰在 10 年以前，材积增长延续很长，随年龄增长延续到胸径 1m 的巨树，仍在健康生长，故其是培养大径材的优良树种。

顶果树的树干通直，心、边材界线分明；边材黄白色，耐腐，抗虫性差；心材暗红褐色，纹理直，有褐色条纹，色泽美观，较坚韧。木材气干容重中等 (0.626g/cm³)，力学强度中等，加工性能良好。木材无特殊气味，宜作茶叶箱，也是建筑材、家具材、板材、装修材、胶合板材；其木材纤维长，是纤维工业优良的用材原料。

另外，其树形高大，树冠宽阔，复叶和花序奇特、美丽，加工繁殖容易和速生，是用作庭院、公园、休闲地和环境保护的绿化、美化的优良树种。

本树种被列为国家三级保护物种。

开发推广：顶果树是热区绿化造林、环境保护、观赏的首选树种，也是获得速生用材、木材纤维和大径材的优良树种，其繁殖以种子育苗为基本方式。6 ～ 9 月果实逐渐成熟，荚果在树上宿存达半年以上，采剪果序，搓碎荚果，筛净种子，晒干储藏。其种子种皮角质且有蜡皮，不易渗水膨胀，在自然状况下种子发芽不整齐，会延续前后两年。故人为育苗前须对种子进行处理，软化破损种皮，常用开水浸烫、砂石磨损，以及用浓硫酸浇灸种皮。其中，后者效果较好，能使发芽率提高到 90% 以上。在苗圃中，种子出苗和成苗较易，5 个月后就高达 1m，一年生可高达 2 ～ 3m。

顶果树造林据其生态特征选择立地，种植一年生苗，因其树干过高和根系发达，常须采用截干和重修枝的措施，以提高造林成活率。

花枝

果枝

三十、滇藏杜英

学名：*Elaeocarpus braceanus* Watt ex C. B. Clarke。

异名：克地老。

科属：杜英科 Elaeocarpaceae，杜英属 *Elaeocarpus*。

标本来源：云南德宏，通常散生于海拔 600 ~ 2400m 的山坡及沟谷常绿阔叶林中。

形态和习性：乔木，高 5 ~ 15m，树皮褐色，小块状剥落；嫩枝被灰褐色柔毛，老枝有灰白色皮孔。叶薄革质，长圆形或椭圆形，长 10 ~ 18cm，宽 4 ~ 7.5cm，先端急锐尖，基部钝或略圆，上面干后暗绿色，无光泽，在中脉上有残留柔毛，下面被褐色柔毛，侧脉约 10 对，与网脉在上面明显，在下面突起，全缘或有不规则小钝齿；叶柄长 1.5 ~ 2.5cm，被褐色毛。总状花序多条生于无叶的去年枝上，长 10 ~ 15cm，被褐色毛；花柄长 3 ~ 5mm，被毛；苞片 1 枚，生于花柄基部；小苞片 2 枚，生于花柄上部，近于肾形，先端有齿突，背面有茸毛；萼片 5 数，长圆状披针形，长 6.5mm，宽 2.5 ~ 3mm，内外两面均有褐色毛；花瓣与萼片同长，倒三角状卵形，撕裂及半，裂片 18 ~ 24，两面均有柔毛；雄蕊多约 40 枚，花丝长 1mm，花药长 3.5 ~ 4mm，有微毛，顶端无附属物；花盘 5 裂，被茸毛；子房 3 室，花柱长 3 ~ 4mm。核果椭圆形，长 4cm，宽 2.5cm，有残留茸毛，内果皮坚骨质，厚 5 ~ 6mm，表面多沟，1 室，种子 1 粒，长约 2cm。

花期 10 ~ 11 月。

地理分布和生境：产于云南、西藏。生长于海拔 1300 ~ 3000m 的常绿林里。印度、泰国有分布。在云南德宏通常散生于海拔 600 ~ 2400m 的山坡及沟谷常绿阔叶林阴湿环境中。分布区的土壤多为在花岗岩、砂页岩上发育的红壤、砖红壤、山地红壤、黄棕壤及黄壤等多种类型。

资源利用：居住在云南西部和南部的景颇族、傈僳族、傣族、阿昌族、德昂族、拉祜族、佤族、哈尼族等少数民族及当地的一些汉族群众喜食一种当地称为"克地老"的野生水果。这种植物经鉴定为滇藏杜英。其核果成熟时为绿色，椭圆形，长达 4cm，宽径约 2.5cm。果肉可生食。其味初为苦涩略酸，后转甜并有清凉感。类似于滇橄榄（即余甘子，大戟科）的口味，因此当地又称之为"橄榄"。当地民间认为这种水果有生津止渴和清热解毒的功效，尤其在口腔有疾患时常嚼食以助康复。通过有机溶剂提取、色谱等手段从滇藏杜英中分离到17种化合物，根据氢谱（1H NMR）、碳谱（13C NMR）、质谱（MS）等波谱鉴定，其分别为3-氨基4-羟基-苯甲酸-1-O-β-D-吡喃木糖苷（1）、3,5,7-三羟基-4'-甲氧基黄酮（2）、杨梅素（3）、5-O-甲基-杨梅素（4）、4'-O-甲基-杨梅素（5）、二氢山奈酚（6）、二氢杨梅素（7）、杨梅素3-O-α-L-鼠李糖苷（8）、山奈酚-3-O-α-L-鼠李糖苷（9）、4'-O甲基-杨梅素3-O-α-L-鼠李糖苷（10）、7,4'-O–二甲基杨梅素3-O-α-L-鼠李糖苷（11）、4'-O–甲基杨梅素3-O-β-D-葡萄糖苷（12）、山奈酚-3-O-β-D-葡萄糖苷（13）、（3β,9β,10α,16α,23R）-16,23-epoxy-3-（β-D-glucopyranosyloxy）-20-hydroxy-9-methyl-19-norlanosta-5,24-dien-11-one（14）、β-谷甾醇（15）、β-胡萝卜苷（16）和3,5-二羟基4-甲氧基苯甲酸（17），其中1种为新化合物，其他16种化合物是首次从滇藏杜英中发现的。

开发推广：可以作为野生水果加以培育推广。

花枝

果枝

三十一、神黄豆

学名：*Cassia agnes*（de Wit）Brenan。

异名:粉叶山扁豆、树黄鳝、树黄豆、排钱豆、崩大解、腊肠豆、黑"崩大解"、雄黄豆。

科属：豆科 Leguminosae，决明属 *Cassia*。

标本来源：瑞丽市南京里隧道旁，山坡海拔 1350m 红壤次生林林缘，树高 15m，胸径 50cm。伴生树种有红木荷等。

形态和习性:落叶乔木，常高 10m，也可高达 30m，胸径至 40cm；小枝灰褐色，密被柔毛。偶数羽状复叶，具有小叶 4 ～ 8 对；小叶对生或互生，椭圆形或宽披针形，长达 8cm，宽至 35cm，先端渐尖至钝，基部宽楔形或钝，全缘，两面微被柔毛，上面绿色，背面灰白色；小叶柄长 3mm 左右；叶轴和叶柄被柔毛。圆锥花序顶生，长 10 ～ 15cm；苞片卵形先端近尾状渐尖；花冠粉红色，5 瓣，不等大；雄蕊 10 枚，分离，其中 3 枚较长，花药椭圆形；雌蕊细长，被薄柔毛，柱头盾状。荚果圆柱形，长 40 ～ 80cm，直径 2 ～ 2.5cm，有环节，不开裂，黑褐色。种子多数被横膈膜分开。

花期 4 ～ 6 月，果期 9 月至翌年春季，12 月至翌年 3 月下旬为落叶期。

地理分布和生境：神黄豆是热带季节雨林向季风常绿阔叶林过渡的森林树种，在东南亚的越南、老挝、柬埔寨、马来西亚均有生长。我国的滇西南和滇南也有分布，在德宏地区各县海拔 600 ～ 1800m 的阔叶林中生长分布。

资源利用：粉花山扁豆是神黄豆的异名，这是因为其花色粉红，树形优美，羽叶开裂、冠似绿色巨伞，5 ～ 7 月花朵盛开变为粉红色，长达 3 个月，成为热区的"樱花"潮，热区的绿色世界在其陪衬下显得更加生机盎然。每年 7 月之后满树悬挂细长豆荚，犹如"腊肠"，称之为腊肠豆；种子如硬币在荚内整齐重叠，称之为排钱豆，成为热区自然界特有景色。广州早有引栽，近年滇南到滇西南多市县也将其广泛用于优美的庭院观赏树和行道树栽培。

本种的荚果、果瓤和种子均可作药，称为崩大解，用以治疗胃痛、感冒、麻疹、水痘、便秘等，有进一步研究利用的价值。

开发推广：神黄豆的树形、花、果、种子的形态奇特、色彩亮丽，加之其具有药用价值，确有价值待深入开发。

　　神黄豆直接用种子繁殖育苗。其挂果结实期长，从9月成熟到翌年5月都可以采收种子，而且数量丰硕，种源易得。其种皮较硬，播种前，须用60℃的温水浸泡，增强种皮的透水性，促进萌发。种子出苗后，注意水肥管理，种苗成长很快；成年苗，管理可粗放些。移栽后的神黄豆在9年生前生长很快，年均高生长近1m，胸径年均长1cm；种植14年后，高生长趋于稳定，粗生长还继续上升。据引种报道，神黄豆在2～4月落叶期常遭潜叶蛾危害，须注意防治。

标本

枝叶

叶（正面）

叶（背面）

花序（一）　　　　　　　　　花序（二）

果枝（一）　　　　　　　　　果枝（二）

果　　　　　　　种子　　　　　　　植株

三十二、腊肠树

学名：*Cassia fistula* Linn.。

异名：腊肠豆、香肠豆、牛角树、郭聋孃（西双版纳傣语）、蓉冷（德宏傣语）、拉买（德昂族语）。

科属：豆科 Leguminosae，决明属 *Cassia*。

标本来源：瑞丽珍稀植物园，海拔 900m 山地，行道树。

形态和习性：落叶乔木，高可达 20m，胸径粗过 30cm；树皮暗灰色，平滑；枝条细长、灰白、无毛。偶数羽状复叶，有小叶 4～6 对，叶轴及叶柄无毛，无腺体；小叶对生，薄革质，卵形或椭圆状卵形，长 15（20）cm，宽至 8cm，先端渐尖，具钝头，基部楔形，有时偏斜，全缘，两面被平贴微柔毛；叶脉纤细、明显；小叶柄长约 4mm。总状花序腋生，长 30～50cm，下垂侧悬似长串黄色葡萄；无苞片，长花梗，3～5cm；花冠黄色，5 瓣，近相等；花径约 4cm；雄蕊 10 枚，分离，其中 3 枚较长，且中部肿胀，4 枚短直，花药扁大，3 枚很短，不育。荚果长，圆柱形，长 30～80cm，直径 2～2.5cm，不开裂，初为绿色，后变黑褐色，有 3 条槽纹；种子卵形，扁平，味甜可食，每果有种子 40～100 粒，有横膈膜分开。

腊肠树的物候是初春长叶，5 月花蕾出现，6 月初始花期，6～7 月是盛花期，8～9 月结果，到 12 月为果熟期，12 月至翌年 3 月荚果成熟，为果实垂吊期。

地理分布和生境：腊肠树原产喜马拉雅山东部，现在广泛栽培于印度、缅甸、泰国、斯里兰卡，以及我国的南部和西南部海拔 1000m 以下的热区。足见本树种是热带季节雨林和河谷雨林、季雨林的树种。其不仅要求温暖、湿润、肥沃的立地环境，而且有向阳特性。在德宏各县市海拔 720～1300m 及以下的山地、坝区、庭院、村寨、路边都有栽培。

资源利用：夏秋季节，腊肠树以其宽阔浓绿的伞状树冠大受热区人民欢迎，是园林、广场、道路的遮阴树、美化树。树冠的绿伞上镶嵌密麻的金黄色总状花序，长达 30cm，下垂侧吊，随风飘扬，凉风吹过，散发出淡淡的花香，如满怀的黄金雨。当入 9 月之后，果实成熟，垂吊笔直的豆荚，直到翌年的春夏，是另一种特有的景象。因为如此，腊肠树成为泰国的国树。

腊肠树的树皮含有单宁，可以提炼制作烤胶和红色染料。根、树皮、果瓢、种子可入药用作缓泻剂。树干木材坚重，纹理美观，耐腐，有光泽，加工不易，是优良的器具、桥梁、车辆等用材。另外，果肉含有皂素，民间用以洗涤衣物。所以，腊肠树是热区多功能树种。

开发推广：腊肠树适宜热带和南亚热带的湿热气候条件，在德宏地区海拔1300m以下的地段可以种植推广。除要求气候湿热之外，选择排水良好、疏松肥沃的砂壤土。繁殖方法可直接用种子育苗，也可用扦插或压条法。

一般情况下，水湿条件适宜，头年种子于翌年春季播种，容易出苗，当年苗高50cm时，秋天便可移栽。幼树生长到第4年高达8m，胸径达8cm，故其为速生树种，易推广且见效快。

植株

三十三、西南木荷

学名：*Schima wallichii* (DC.) Choisy。

异名：西南木荷、峨眉木荷、红毛木荷、毛木荷、红毛树、毛毛树、Maituoluo（傣语）。

科属：山茶科 Theaceae，木荷属 *Schima*。

标本来源：瑞丽，海拔 1000m 山地季风常绿阔叶林中。

形态和习性：常绿大乔木，主干端直，高达 40m，胸径粗 1m，树冠浓密；树皮厚、褐色、纵裂，再裂成小块状；小枝红棕色、密生白色皮孔；幼枝密被黄色绒毛。单叶互生，近革质、长椭圆形，长至 17cm，宽达 7cm；先端尖或急尖，基部宽楔形；全缘，上面绿色、无毛，背面淡绿色，疏生柔毛，沿中脉密被柔毛；上面脉凹下，下面脉凸起；叶柄粗短，长 1～2cm，被灰色柔毛。花单性，或数花簇生叶腋，白色，芬芳，径达 4cm；花萼与花瓣各 5 数；雄蕊多数，子房 5 室。蒴果球形，直径约 2cm，木质，室背 5 裂。种子肾脏形，有翅，约长 8mm。

花期 3～4 月，果期 10～12 月。

地理分布和生境：西南木荷是亚热带至热带的喜光树种，广泛分布于中南半岛北部、喜马拉雅山南麓、印度东部；我国西南的云南、贵州、四川、广西主产，在湖南、江西也有生长，在滇中以南各地都有分布。德宏州各市县山地垂直带上海拔 700～1900m 常有生长，在滇西怒江河谷生长于海拔达 2700m 的山地森林中。西南木荷是季风常绿阔叶林、山地雨林等森林中的常见组成树种，但也有一定的忍耐性和适应力，在干旱、瘠薄的疏林地和灌木林中也可见其生长，但生长缓慢，植株矮小。

资源利用：西南木荷是优良的速生用材树种，广西人工栽培于 1964～1966 年的林分，在立地充分时，平均生长高 0.8～1.2m，胸径达 1.0～1.2cm，有的高达 2m，每亩平均增材积 0.6～1.0m³/ 年。

木材属散孔材，心材红褐色，略硬重（气干容重 0.6kg/cm³），结构细，纹理直，干燥速度中等，干缩变形小（弦径向干缩比 1.525），力学强度大，切削容易，切刨面光滑，油漆及胶黏性良好，还具有不怕潮、不易腐、耐摩擦等特点，是纺织工业用作梭子、纱管等的上好材料，更是建筑的梁、柱、椽、枋、门框等的优良用材，也广泛用于桥梁、枕木、军工、胶合板、工具柄等。

此外，西南木荷树皮可用作止血、截疟疾等的药材。

开发推广：种植西南木荷须选择年平均气温在 16℃以上，活动积温 5500℃以上，年降水超过 900mm，空气年均湿度大于 75% 的气候条件，以及酸性土壤（砖红壤、砖红壤、红壤、红黄壤）等立地环境。其结实量大，种子丰实，具有强大的繁殖力，用种子育苗繁殖是推广的最基本方法。种子一般在秋后 10 月成熟，有的蒴果到翌年 2 月才开裂，每 100kg 果子产种子 4kg，种子千粒重 5g。采种后最好随即播种，以提高发芽率，时间以春季最好。育苗管理方法一般化，一年生的苗高可达 1m。可造纯林，也可和松、杉混交，采取带状种植。每年松土抚育管护，3～5 年生后基本郁闭，生长快速盛期在 20～40 年，直到 70～80 年生长趋势不减，树龄 130 年，胸径接近 100cm，能育成珍贵的大径树。

萌生幼树

植株

三十四、西桦

学名：*Betula alnoides* Buch.-Harm. ex D. Don。

异名：桦桃树、西南桦、蒙白桦、野樱桃、直杠（爱尼语）、Mai huo（傣语）、Le yang pun（景颇语）、Weng gang（景颇-载瓦）。

科属：桦木科 Betulaceae，桦木属 *Betula*。

标本来源：梁河县，海拔 1100m 山地阔叶林中。

形态和习性：落叶大乔木，树高超过 30m，胸径达 80 ~ 100cm，树皮褐色，有光泽，横向剥裂，有多数环形大皮孔；枝条细软下垂，幼枝被软毛，后脱落，通常具树脂腺体，被白色小皮孔。叶厚纸质，长卵形或卵状披针形，长达 10cm，宽至 5cm，先端渐尖至尾状，基部楔形至圆形。叶缘具刺毛状内弯的不规则尖锯齿，上面光净，下面沿脉疏被长柔毛，脉腋内具髯毛，密生腺点，侧脉 10 ~ 13 对，柄长 2cm 左右，密被软毛和腺点。花单性，雌雄同株；雄花序下垂，长达 12cm，2 ~ 3 条簇生枝顶或侧生。果序呈长圆柱形，3 ~ 5 簇生叶腋，下垂，长达 10cm，均被黄柔毛；果苞小，楔形，上部具三裂片，中裂片小，两侧裂片耳状突起。果为小坚果，倒卵形，长约 2mm，背面被短柔毛，果翅膜状，外露果苞外，宽是果的 2 倍。

常于年末冬季开花，翌年 3 ~ 4 月果实成熟。果实数量较丰盛，种子细小，具有翅膜，能飞散。

地理分布和生境：西桦的分布中心是我国西南的云南、四川和广西，与云南相邻的越南、老挝、缅甸、尼泊尔等东南亚诸国也有生长。在滇中以南，从滇东南到滇西南横向分布最常见。德宏州各县都有生长，其山地垂直带生长海拔为 500 ~ 2100m。分布以群生为主，形成小片纯林。

西桦性喜暖热气候，分布中心在热带北缘和南亚热带。在热量满足的前提下，对水热条件适应幅度较宽，能稍耐干旱，除干热河谷区外，年均相对湿度在 70% 以上、水热系数 1.5 以上的地段都能生长，对土壤的适应性较广，砖红壤性红壤、红壤、黄红壤等均可较好生长。由于是喜光树种，它的集中分布点是撂荒地、林缘、林向空地、疏林地、次生林地，有时呈小片生长，成为优势树种，而不在密林中生长。在芒市、盈江、梁河等地海拔上升到 1200 ~ 1500m 时，常与桦木科的另一落叶乔木树种旱冬瓜交叉分布，并随海拔升高被旱冬瓜树取代生长。

资源利用：西桦是速生树种，10 年生高生长最快，年生长量达 1.5m，40 年生高达 30m；胸径生长前期也很快，30 年生以前保持年生长量 1cm 以上。西双版纳普文（海拔 950m）20 年生天然西桦树高 18.87m，胸径近 24cm；40 年生树高近 30m，胸径近 45cm；一般 20 ~ 30 年生便可成林利用。西桦可长到 75m，胸径 74cm，树高 28.1m，故其适合培养大径材。

西桦是重要的用材树种，木材为散孔材；淡红褐色，略有光泽，心材与边材区别不明显，无特殊气味。木材纹理直，结构细，且均匀，重量中等（气干容重 0.66g/cm³），干缩小，弦径向干缩比仅为 1.056，是国产桦木中最低者。力学强度中等，加工性能好，刨切面光滑，油漆及胶黏性良好，所以用于纺织工具、胶合板面板、家具、室内装修、军工、建筑、地板、枕木、造纸、文体用具等方面。

枝叶

除此之外，西桦的树皮含单宁 6.96%，纯度 57.66%，是优良质烤胶原料，树皮入药，可除风化湿，治疗感冒、急性肠炎，含有芳香物质，可提水杨酸钠，是医药工业原料。

开发推广：长期以来西桦林在热区人工林中占有较大比重，这和其生物和生态学特性相关，也和其速生、材质优良有关。其不仅生长快，而且可以培养大径林。

植株

同时，西桦是南亚热带至热带森林恢复的先锋树种，其不仅喜光、耐瘠，适应力强，而且是自肥树种，其根系内生菌根菌能加速枯枝落叶的分解，改善土壤肥力。另外，虽然其有旱季落叶习性，但落叶期仅半个月左右，又会重新萌发新叶，是城镇、郊野、公园、景区等环境绿化的优选树种。

生境

西桦的种植方式是种子育苗造林，每年 3 ~ 4 月种子成熟，种子细小、丰盛，成熟后容易飞散，要注意及时采回果序，摊晒、揉搓、筛净，便可用于播种。随采随播，否则影响萌发力，若待翌年育苗，种子发芽率将损失一半。种子不需特殊处理，常规苗床育苗，10d 左右便会萌芽，且较整齐，在雨季到来后便移苗造林，多选择在 6 ~ 9 月进行。

三十五、糖胶树

学名：*Alstonia scholaria* (L.) R. Br.。

异名：灯台木、灯台树、面条树、白浆木、理肺散、大将军、大矮陀陀、卖别丁（傣语）、Maijinbie（傣语）。

科属：夹竹桃科 Apocynaceae，鸡骨常山属 *Alstonia*。

标本来源：畹町萝芙木培育基地，海拔 795m 山地，花岗岩，砖红壤性红壤，亚热带常绿阔叶林，成片栽培人工林，乔木树高 10m。

形态和习性：常绿乔木高达 20m，胸径至 40cm；树干通直，皮灰白色，有乳汁；树冠整齐，主分枝从树干水平展出；嫩枝绿色，轮生，无毛；叶片 3 ～ 8 枚轮生，革质光滑；倒卵状长圆形或倒披针形，长 7 ～ 28cm，宽 4 ～ 11cm；侧脉 25 ～ 50 对，几乎平行伸至叶缘处连接；叶柄短，约 2cm。花白色，多数，组成稠密的伞形花序，顶生，被柔毛；花冠高脚蝶形，花冠筒长 6 ～ 10mm，内被短柔毛，中部以上胀大，裂片 5，向左覆盖；雄蕊 5 枚，着生花筒胀大处；子房由 2 枚离生心皮组成，密被柔毛。果线形，双生，下垂，细长至角状，长达 50cm，直径约 5mm。种子长圆形，红棕色，两端具缘毛。

花期 6 ～ 11 月，果期 10 月至翌年 4 月。

地理分布和生境：糖胶树分布于中国至东南亚多国，如印度、缅甸、越南、印度尼西亚、马来西亚、菲律宾，直至澳大利亚等国的低山丘陵热区。是我国北回归线以南的福建、广东、广西、滇南至滇西南诸地热带和南亚热带地区生长的喜光树种。适生高温高湿、日照充足的立地条件，要求年均气温 17 ～ 22℃，没有 0℃以下低温，年降水量 1200mm 以上，在滇西南山地海拔 1200m 以下的疏林、次生林、坡地、山麓、沟边、四旁等都能生长。对土壤要求不高，喜酸土，忌积水。

糖胶树在德宏州各县均有生长，除自然分布于海拔 600 ～ 1350m 的低山常绿阔叶林、次生林、河道、水沟边外，也作为庭院、行道树种植，取其树干耸直、枝叶层叠、树冠优美，而且生长快速、易于管理等优点。

资源利用：糖胶树树干通直，木材白净，材质细微松软，是制造黑板的良好材料，也称为黑板树、白浆木，还用于建筑、家具、室内装修，也是高级的茶叶包装箱材料。

　　树的根、茎、树皮、花、叶等都是可入药的药材，如其根和茎中主要含有艾奇胺型生物碱，花中主要含鸭脚树碱，树皮含叫噪类生物碱，树胶乳汁中含 α-香树精和 β-香树精，老叶含生物碱及黄酮，嫩叶含黄酮苷。

　　糖胶树水溶液性味平、淡，有毒，有消炎、化痰、止咳、止痛等功效，药用主治气管炎、百日咳、胃痛、腹泻、疟疾。外用鲜叶 9 ~ 12g，捣烂敷患处治跌打损伤。

　　另外，用其丰富乳汁，可炼制口香糖的胶料，也是种植开发的一个重要途径。

　　开发推广：糖胶树造林的适宜地段在德宏地区海拔 1200m 以下的平坝、河谷、山地的疏林、林缘、河沿、沟旁、路边等。

　　造林繁殖方法以种子育苗和扦插两种为主，也有组织培育的繁殖试验。糖胶树种子 4 月成熟，种子无休眠期，新采种子晾晒干后即可播种。若在常温下储藏不可超过 3 个月，以免降低种子的萌发率。种子先播沙床上，要求高温（30℃），土壤湿润，通气条件好；20d 后萌发幼苗高达 3 ~ 4cm，可移植到营养袋中培育。注意遮阴、浇水、施氮肥、防病虫，待苗高 50 ~ 60cm 时，便可出圃造林。

　　糖胶树是全身是宝的多用途和综合效益树种，势必具有广阔的开发潜力。近年在普洱、西双版纳等地已有大面积造林发展，并取得了可观的收益。

果枝标本

叶

幼果枝

果枝

植株

生境

三十六、滇楸

学名：*Catalpa fargesii* Bur. f. *duclouxii* (Dode) Gilmour.。

异名：光灰楸、楸木、紫花楸、紫楸、楸木、Zhong tong la（景颇语）。

科属：紫葳科 Bignoniaceae，梓属 *Catalpa*。

标本来源：梁河，海拔 1800m，村旁行道树。

形态和习性：落叶乔木，高可达 25～30m，胸径粗至 70cm；树皮暗灰色，片状开裂，幼枝青灰色，具黄色皮孔。叶、花序均无色；叶厚纸质，卵形，全缘，对生或轮生，长达 20cm，宽至 19cm；先端渐尖，基部圆形至微心形，3 出脉，侧脉 4～5 对；叶柄长达 10cm。顶生伞房花序，7～15 朵两性花；花萼二唇，花冠钟状，淡红色至紫色，有深紫色斑点，5 裂片，2 唇形，上 2 下 3 裂片，不等大，边缘波状。蒴果细长，圆柱形，长达 80cm，下垂，果皮革质，二裂。种子细长，两端具有丝状细毛，连束毛长达 6cm。

花期 3～5 月，果期 6～11 月。

地理分布和生境：滇楸生长要求立地条件较好的亚热带温暖湿润气候和深厚、疏松、肥沃土壤。在滇西、滇西南、滇中、滇西北等亚热带山地，海拔 1500～2400m 生长分布最为常见。在德宏州芒市、盈江、梁河等市县海拔 1700～2800m 山区村庄、河旁普遍分布。

资源利用：滇楸是速生树种，四旁植树的楸木 5 年生能长高到 7.6m，胸径 3.4cm；10 年生树高 12.6m，胸径 11.2cm；15 年生树高 17.0m，胸径 18.0cm；20 年生树高 19.6m，胸径 21.8cm。25 年左右材积增长最明显，30 年生便可采伐利用。

滇楸萌生力强，伐桩萌芽率 90% 以上。由于根系保存，其萌生林比实生林生长快，11 年便接近 14～15 年生实生树的高和粗。

滇楸木材为环孔材，边材浅黄至灰褐色，心材色深，深灰褐至褐色。年轮明显，木材结构细，纹理直，略粗，材质轻易干燥；材性稳定，开裂不翘，耐腐抗潮，花纹美观，是高级家具、室内装修、胶合板面板及军工船舶等的优良用材。

其根、茎、叶、花入药治耳底痛、风湿病、咳嗽。另外，叶是优良的绿肥；花大，聚伞状，鲜艳，树干直立，树冠高大浓密，是优秀的庭院观赏、绿化风景树种，也是很好的蜜源树种。

　　开发推广：滇楸的开发利用有悠久的历史，除云南以外，川、黔、鄂、湘等省也广为种植。种植以种子育苗和插条育苗为主。果实在 10 ~ 11 月成熟，蒴果变褐，需立即采摘，避免开裂，晾晒后捆成束，吊在通风干燥处，待播种时脱粒。一般 3 月播种，也可随采随播，播前用高锰酸钾溶液消毒，条播后筛撒 2cm 厚细土覆盖。然后盖草浇水，遮阴保湿，25d 后种子发芽，出苗较整齐，一年生苗可造林。滇楸扦插育苗在春、秋进行，用一年生健壮枝条作插穗。造林在春、夏均可，扦插苗以夏季栽干造林为好。滇楸的顶芽有早衰现象，后由侧芽代替向上生长，形成主干不高、多分枝树型，所以，在培养高干材时，须加强幼林至成林期的管理工作，除一般的锄草、施肥外，还须采用抹芽、平茬、修枝等抚育管理措施。

花

花、叶

成熟果序

植株

三十七、木蝴蝶

学名：*Oroxylum indicum* (L.) Kurz。

异名：千张纸、海船、兜铃、海船（果），Mai leng ga long（傣语）、En dang da lin（景颇语）。

科属：紫葳科 Bignoniaceae，木蝴蝶属 *Oroxylum*。

标本来源：瑞丽市南卯湖公园，山地海拔 800m，花岗岩，砖红壤，潮湿，人工种植。

形态和习性：落叶小乔木，高可达 10m；树枝灰色，厚且有皮孔；小枝皮孔多，叶痕大而明显。2 ～ 4 羽状复叶，长 60 ～ 150cm；小叶卵形，长至 12cm，宽 3 ～ 10cm，先端短尖，基部近圆形，偏斜，两面光滑无毛；侧脉 5 ～ 6 对，网脉在叶下面明显，全缘；小叶柄短。顶生总状花序，花大，钟形，橙红色；花萼钟状，肉质，紫色，长约 4cm，径约 3cm，顶端平截；花冠管肉质，橙色，5 裂，长约 9cm；雄蕊 5 枚，着生花冠管中部，花扁平，长 4cm；花药长圆形；子房卵形，花柱丝状，长约 7cm，柱头扁平、舌状。蒴果黑绿色，长披针形，扁平、木质，长 60 ～ 100cm，宽 5 ～ 8cm，厚约 1cm，2 瓣裂。种子扁圆形，周围有白色透明膜质翅，似蝴蝶，故名木蝴蝶；又因其薄如纸，数百张彼此重叠，又称千张纸；每种子连翅长 6 ～ 7cm，宽 3.5 ～ 4cm。

花期 6 ～ 9 月，果期 8 ～ 11 月。

地理分布和生境：木蝴蝶是单种属树种，产我国和东南亚热区各地。于我国西南的云南、贵州、四川，至华南广东、广西、福建、台湾广为分布。在云南南部和西南部的山地海拔 100 ～ 1450m 低山地段，乃至滇西河谷海拔 1800m 均可生长。德宏州各县市均产，海拔 500 ～ 1200m 的河谷、山地、平坝区周边向阳的疏林、次生林、灌丛中均有其分布，其生态特点是喜暖热、潮湿、肥沃的气候土壤条件，但又能忍耐一定的干热瘠薄的河谷生境。

资源利用：木蝴蝶的长扁平蒴果中有可供药用的上千的薄纸片状种子重叠排列，这些种子具有苦、甘、凉性味，其功能是清肺热、利咽喉、止咳、止痛，从种子中分离出 5 种结晶：木蝴蝶甲素（Oroxin A，黄芩甙元 -7- 葡萄糖）、木蝴蝶乙素（Oroxin B，黄芩甙元 -7- 双葡萄糖甙）、白杨素（5,7—二羟基黄酮）、苯甲酸及另一种未知结晶。此外，还含有生物碱和鞣质。在树皮中也有从种子中分离出的结晶物质的报道。

中医临床应用木蝴蝶的种子主治急性咽喉炎、声音嘶哑、支气管炎、百日咳、胃痛。其树皮用以治疗传染性肝炎、膀胱炎。种子晒干备用，树皮随采随用。

木蝴蝶树干木材为散孔林，气孔略小，心边材几无区别，年轮明显，灰黄褐色，有光泽；木材纹理直，材质轻，强度弱，可制作一般的家具、包装盒等，但不是目的用途。

近年园林景观绿化中，用以作为景观配置树种，有较高价值。

开发推广：木蝴蝶的生态适应性强，德宏州各县市的干热河谷地区，包括阳坡的疏林、沿河灌丛均可见其生长。由于这些地段人为干扰频繁，保存也不多。从药用意义上看，其树皮是中草药中的常用药，保护、培育和发展木蝴蝶十分有价值。繁育的方法采用种子育苗，在年末果实成熟时收集种子，于室内去翅，晾干收藏；翌年2～3月，温水浸泡种子催芽，用高床育苗，以避水淹。木蝴蝶虽然有抗干旱、耐瘠薄、喜暖热的生态特征，但若能满足其适宜湿润、肥沃的生存条件，生长更好。

叶标本

挂果树冠

三回羽叶（正面）

三回羽叶（背面）

植株

中药饮片

三十八、喜树

学名：*Camptotheca aumiata* Decne.。

异名：旱莲木、水沫子林、滑干子林、龙树。

科属：蓝果树科 Nyssaceae，喜树属 *Camptotheca*。

标本来源：梁河县，海拔 1400m，行道树。

形态和习性：落叶大乔木，高达 40m，胸径粗至 1m；树枝幼时灰白，光滑，老则灰褐，呈不规则开裂；小枝幼时绿色，初被灰色柔毛，后脱落，稀疏散布凸起的皮孔；冬芽圆锥形，鳞片上密被黄褐色柔毛。单叶互生，椭圆至椭圆卵形，长达 20cm，宽至 10cm；厚纸质，全缘，幼枝及萌生枝的叶缘疏生锯齿，叶脉上被灰黄色毛；叶柄及叶背中脉幼时淡红色，老则变为淡绿色。花杂性同株，头状花序；两性花多顶生，雄花多腋生；花萼 5 齿裂，花瓣 5 数，淡绿色，雄蕊 10 枚，白色；雌花多顶生，子房下位，1 室，花柱 2（3）裂。果序头状，翅果状瘦果长约 2.5cm，顶端有宿存花柱，干后黄褐色，有光泽，近长方形，有 2～3 纵棱，有种子 1 粒。

喜树年末冬寒季落叶，翌年 4～5 月发新叶，6～7 月开花结实，11 月果实成熟。

地理分布和生境：德宏州各县市作行道树栽培，在云南中部以南广泛分布，特别是滇东南经滇南，到滇西南和滇西河谷广为栽培。海拔以 350～2100m 都有生长，但以 1300～1800m 为生长适宜地带。我国的江南和华南及台湾等地也多有栽培。显然喜树的生态适应比较强，分布广泛，生长区包括南亚热带和中亚热带湿润、半湿润气候区，南至热带北缘，北至暖温带区域。分布区年均气温为 14～20℃，活动积温为 4700～7300℃，年降水量为 700～1600mm。

喜树属阳性树种，根系发达，在向阳沟谷土层深厚、肥沃疏松的地段，光照和水湿充分，生长表现最好，而且能耐水湿，在河谷、堤岸等生长良好。在芒市栽植的喜树，6～7 年生就开始结果，到 15～20 年生时开花结果的植株达 60%～70%。寿命可达 100 年。因天气温暖，冬无明显落叶期，9 月至翌年 2 月换叶，而且种子成熟提前到 9～10 月。

资源利用：喜树是速生树种，幼年生长较快。高粗生长的旺盛期一般在 5～20 年，高峰期连年生生长量分别达到 1～2m 和 1.2～2cm，材积增长呈直线上升。在人工栽培管理下，其高生长提高 1.2 倍以上，胸径提高 1.5～2 倍，材积提高 2.5～5 倍；栽培在滇西海拔 1520m 的行道树，24 年生高 25.5m，胸径 40.7cm，单株材积 13.7m³，在滇南海拔 1500m 的针阔叶混交林中的 41 年生的树高达 30.53m，胸径 37.6cm，单株材积 1.32m³。

另外，喜树萌生性极强，常见几株萌生树同时长成大树。

喜树木材属散孔材，心边界线不明显，边材淡褐色，心材稍深，无特殊气味，结构中等，均匀，年轮明显。易干燥，翘裂少，切削容易，切面光滑，材质轻软，花纹美观，油漆和胶黏性良好，是优良的箱盒、包装用材，也是较好的农具材、板材、造纸用材。

本树种定为国家三级保护植物。

开发推广：喜树在德宏州各市县具有较长的种植造林历史，广泛用于森林恢复、四旁造林、护岸护路、园林布置等。同时获得木材和药用的果、枝、根原料，是具有多种效益的速生树种。

采用种子育苗方式繁殖。其种子丰硕，易采，无须特殊处理。10 ～ 12 月种子成熟，呈浅黄色，采摘收集果序，去除杂质，晒干，湿沙储藏。每千克约 2.5 万粒种子，其外种皮坚硬，不易发芽，须保持湿润，发芽率 60% ～ 70%。在热区，若有适宜的苗圃，现采现播，10 ～ 20d 后便会出苗。在有冬霜的亚热带，可在翌年 3 ～ 4 月时播种，播前热水充分浸种 20h，播后 1 个月出土。在苗床中经过一次移植，一年生苗一般可长到 1m 左右，此时便可造林，造林选择春夏之交，雨水来临时便于管理，成活率可达 80% 以上。

枝叶

果

植株

三十九、龙竹

学名：*Dendrocalamus giganteus* Munro。

异名：大麻竹、梅波（傣语）。

科属：禾本科 Gramineae，牡竹属 *Dendrocalamus*。

标本来源：芒市勐巴腊西珍稀植物园。

形态和习性：合轴丛生乔木型竹类，杆直立，高 20～30m，径粗 10～20cm，梢头下垂，节间圆筒状，长达 35cm，幼时被白蜡粉，绿色或黄绿色；壁厚 1～1.5cm，杆环不明显，节内及箨下贴生黄毛；分枝较高，节多枝，通常 12～20 枝一簇，主枝不发芽，偶粗至 2cm，长达 6～7m。杆箨早落，或分枝以下的迟落，铲形，厚革质，长达 50cm，超节间包被；背面密被棕褐刺毛，腹面无毛，且有光泽；箨叶反三角形或三角披针形，外翻；箨舌呈"山"字形，长约 8mm，边缘有细齿，坚硬；箨耳狭长，波状皱褶。叶在每小枝上有 3～5 枚，矩圆状披针形，大小变异大，长以 15～45cm 不等，叶背幼时有微毛，叶缘粗糙，基部楔形，不对称；叶柄长 3～4mm，被白粉。

每隔数年开花一次，一般在 5 月；出笋于 6～9 月，味苦，但加工后可成上品。

地理分布和生境：龙竹是东南亚热带的原生种和广栽种，在华南和台湾也有分布，从滇东南到滇西南的文山、红河、西双版纳、临沧、德宏等地州都有自然生长和栽培。直到怒江、澜沧江上游和滇中金沙江河谷都有栽培。山地河谷生长到海拔 1400m，但以 1000m 以下常见。显然龙竹适宜生长在热带季风气候区。主要分布的年平均气温为 20～22℃，最冷月均温度 15℃以上，绝对低温不低于 2℃，年平均降水量为 1200～1600mm，相对湿度 80% 以上。德宏州共有 19 种牡竹属的龙竹，其中 8 种为本土原产。本种龙竹广布全州各县市，集中分布于海波 1000m 以下山地，尤以河谷季节雨林、山地雨林处生长最好。自然生长的龙竹常和其他竹类，如牡竹、莿竹等混生于雨林和季风常绿阔叶林中，但往往位居上层，足见其喜光习性。龙竹有一定的耐低温能力，在滇中玉溪等地也有栽培成功的。

资源利用：龙竹同属的竹类具有相同材性，即干缩性小，力学强度超过很多阔叶树（如柚木、红椿、八宝树、团花等）。材质抗压性高出一般木材的 10%，抗拉强度是一般木材 1～2 倍。竹材具有力学强度大、劈裂性好、容易加工等优点，是建筑上用作支架、屋柱、屋檐、竹墙等的优良材料；在水利上用作引水管，在水运上扎作竹筏；还是农具、家具和工艺品制作的重要材料。

龙竹也和其他丛生竹一样，纤维含量高，细而长，细脆壁厚，吸收性能好，表面匀整，与棉纤维相似，可用于生产各种高级纸品、人造丝。美中不足的是龙竹竹材吸水性好，含水率高，易遭虫蛀，或者绝干后，质变脆，强度降低。常用的处理方法是，置竹竿于清水中浸泡30d以上，能起到防虫蛀、耐用的效果。

鲜龙竹笋味苦，不为一般人接受。但经漂洗和蒸煮后制作的笋丝和笋干（商品名为"玉兰片"）色泽淡黄，香脆清爽，口感鲜美，为广大群众欢迎。

开发推广：种植龙竹多数选择低山、河谷、河岸台地及村寨四旁栽培。冲积土深厚肥沃、湿润，且排水良好的河边、沟箐是种植效果最好的立地土壤。

龙竹以分蔸和埋节（埋竿）育苗方法繁殖，选择地势平缓的开阔地段，在雨季来临时定植和造林，3～4年成林，2～3年成材，故有生长快、成林快、受益早的特点，新栽竹丛第一年发2～3枝，第二年发4～8枝，第三年再增多，第四年趋于稳定，并逐渐形成一片林冠郁闭的林内阴湿环境。若以每丛平均10株新竹成林，每亩种植30丛统计，每年每亩可产竹300竿以上。

叶（正面）　　　　　　　　　　叶（背面）

花、果序　　　　　　竹丛　　　　　　丛生态植株

四十、野龙竹

学名：*Dendrocalamus semiscandens* Hsueh et D. Z. Li。

异名：扁柏（泰语）、野竹（云南盈江、西盟）、山黄竹（云南盈江、瑞丽）。

科属：禾本科 Gramineae，牡竹属 *Dendrocalamus*。

标本来源：瑞丽市瑞丽珍稀植物园，山地海拔 1100m，花岗岩，砖红壤，季节雨林中，伴生树种有印栲、红木荷、莉竹。

形态和习性：竿直立，有时梢端下垂作攀援状而斜倚他物，高（7）10～18m，直径（6）10～15cm；节间长 29～35（60）cm，幼时密被银白色绒毛；节内长 0.5～1cm，其内与节下方均有一圈白色厚密绒毛环；枝下高 0.5m，竿每节分多枝，主枝 1（或有时无），可发达至与竿近同粗，而使竿呈半攀援状。箨鞘早落，革质，背部被棕褐色小刺毛，先端圆拱形，两肩有突出的小尖头；箨耳无；箨舌高 1mm，近全缘；箨片直立，基部与箨鞘口部近同宽，背面纵脉与箨鞘的肋纹相连通。末级小枝具 6～12 叶；叶鞘被贴生白色小刺毛；无叶耳；叶舌高 3～5mm；叶片长 25～35cm，宽 3～4.5cm，下表面有时具柔毛，次脉 10～12 对。花枝的节间长 2.8～4.5cm，一侧扁平或具沟槽，在扁平面或沟槽内被有早落的黄棕色柔毛，每节着生 30～40 枚假小穗，其所形成簇团的直径为（1）1.9～3.2cm；小穗倒卵状三角形，长 1～1.3cm，宽 4～7.5mm，枯草色，无毛，质地柔软，先端钝，含 4 或 5 朵小花；颖 1～3 片，长 7mm，宽 4mm，具 8 脉；外稃纸质，长 8.5～9.5mm，宽 5～6mm，具多脉，先端具长为 0.5mm 的刺状微小尖头；内稃长 7.5～8mm，脊间宽 1mm，其间具 2 或 3 脉，最上方小花的内稃无脊，具 4 脉，各自在先端均微凹；花丝长 7mm，花药长 3.7mm，黄色，或先端呈紫色，具尖头；花柱长 6mm，也为紫色；柱头单一，具帚刷状微毛。果实金黄色，下半部无毛，上端及喙状物均具白色短绢毛，喙长 1.5mm。

花期 9 月。

地理分布和生境：产云南省南部至西南部，德宏盈江、瑞丽有自然分布。自然分布在海拔 500～1000m 地带。模式标本采自云南西盟县勐梭镇。

资源利用：笋味鲜美，是开发笋用竹的入选竹种。在产地常零星开花。

开发推广：可作为景观设计、竹材开发及采笋竹种栽培利用。

枝叶

节与箨

竹丛

四十一、波罗蜜

学名：*Artocarpus heterophyllus* Lam.。

异名：牛肚子果、树菠萝、木菠萝、芒拉、密用、密嘟（傣语）、Miyong（傣语）、Ma lang（傣语）、Meng dong xi（景颇语）、Mong dong shi（藏语）。

科属：桑科 Moraceae，波罗蜜属 *Artocarpus*。

标本来源：瑞丽、芒市，城市绿化栽培。

形态和习性：常绿乔木，高过 15m，胸径达 1.3m，全体有乳汁；树皮厚，黑褐色。单叶，厚革质，光滑，椭圆状长圆形至倒卵形，长达 10cm，先端钝尖，基部楔形，全缘，但幼枝上的叶有三裂；叶柄长约 2cm，螺旋状排列，托叶抱茎，脱落后有环状疤痕。花单性，雌雄同株，雄花序顶生或腋生，呈圆棒状，长达 8cm；雌花序长圆形，生于老茎枝上，花被管状。聚花果成熟时为椭圆或球形，长可达 60cm，重量可至 20kg，果皮有六角形瘤状突起。种子椭圆形，长可达 3cm，宽约 2cm；假种皮薄，乳白色，稍韧，内种皮膜质，红褐色，胚乳黄白色。果内含种子 100 ～ 500 粒。

花期 2 ～ 3 月，果期 7 ～ 9 月。

地理分布和生境：在德宏州有与波罗蜜同属的波罗蜜属树种约 8 种，其中野波罗蜜（*A. lacucha*）属国家三级保护树种，8 种果实大部分可食用，但有较高经济价值的还是本种。本种原产印度至马来西亚，现作为热带果品普遍种植。我国东南沿海均有栽培，广泛种植于滇东南、滇南、滇西的河谷热带。德宏州各市县海拔 100 ～ 1000m（1300m）都有分布。芒市作为行道树和园林树种广为种植。

波罗蜜为强阳性树种，喜高温高湿，适宜生长在年均气温 19.6 ～ 22.6℃，活动积温 7170 ～ 8220℃，没有霜冻现象，年降水量 1250mm 以上，空气相对湿度 75% ～ 85%，水热系数约 2 的热带地区。在分布海拔上线，则表现为生长慢、果实小、成熟晚等。

资源利用：波罗蜜的实生树生长 6 ～ 8 年后结果，嫁接树 3 ～ 4 年后结果。25 年生树高可达 15m，胸径约 50cm，且为盛果期。树干结果能有 60 ～ 70 个，若每个平均为 4kg，总重量达 240 ～ 280kg。其寿命长，在河口有一株 140 年生的大树仍可结果 39 个。另外，其萌生更新能力强，大树折断后能发出一丛新枝，构成开心树冠连续结果。

果实的营养价值高，果肉含糖 65.15%，含蛋白质 10.44%，味极浓郁甜蜜，能生食或加工罐头。种子含淀粉和蛋白质丰富，可煮、炒熟食。外果皮削去瘤状突出物，可酿酒；树皮割裂分泌树脂，可治疗溃疡。

木材纹理交错，结构细致，材质稍硬和轻，易加工，心材耐腐，呈鲜黄或黑黄，切面平滑有光泽，是用于制作家具、门窗、天花板等的高级建材。心材浸出的黄色液体可作染料。木材还可提取桑巴素，为冶金工业生产使用。

开发推广：波罗蜜是以食果为主的多用途树种，在德宏州已有广泛种植，可作庭院、街道等绿化，也可兼得用果、用材。繁殖用采种育苗的形式。种子容易获得，纯度也很高，发芽率可达 95% 以上，但必须随采随播。播种前先埋在湿沙中催芽 1 周，发芽开始 20d 后基本完成，即可作苗床播种。一年生苗高可达 60cm，地径 1.2cm。要获得好品质高产树，须选择优良品种和母树枝条进行嫁接。接穗成活率达 60% ~ 70%。为了获得其优良特性，提高抗性，可用同属的野生种桂木、白桂木、鸡脖子树等的实生苗作砧木进行嫁接。

为防止人畜干扰，在乡镇、四旁、道路等处种植应采用小树截干栽种形式。

枝叶、花

枝叶

花、果

果（一）

果（二）

果干

四十二、云南野香橼

学名：*Citrus medica* var. *ethrog* Engl.。

异名：德宏野香橼、黎檬、野香橼、宜母子、香泡树、蜜罗柑、Mabu（傣语）、Ma yin（傣语）、A se lei xi（景颇语）、Qing tui shi（景颇 - 载瓦）。

科属：芸香科 Rutaceae，柑橘属 *Citrus*。

标本来源：陇川市郊，海拔 900m 低山山麓灌丛。

形态和习性：云南野香橼是常绿灌木或小乔木，可高过 2m；枝扩展，幼小枝有菱角，紫绿色，光滑，叶腋间有短硬刺。叶片椭圆卵形，或卵状披针形，先端急尖或钝圆，基部楔形或圆形，长达 10cm 以上，宽过 5cm，边缘有锯齿；叶柄短，无叶翅或略有痕迹，与叶片无明显关节。总状花序，花序短，花芽大形，带紫色；多为两性花，花瓣 5 数，外面带紫色；雄蕊多数，达 40 枚且常合生；子房圆柱形，有 10 余室，花柱肥大，宿存。果大型，长圆或卵圆形，长 10 ~ 25cm；果皮很厚，熟时表面黄色，常粗糙且芳香，内皮白厚，瓢囊细小，汁液青白色，量少，味酸苦；种子多数，长不过 1cm，平滑。

花期 3 ~ 4 月，果期 8 ~ 9 月。

地理分布和生境：云南野香橼是香橼（*Citrus mediea* L.）的变种。香橼是我国江南、西南诸省广为栽培的经济树种。云南野香橼的主要自然分布区是德宏州各市县海拔 1000m 左右的低中山山地，原有的季风常绿阔叶林遭干扰后，在温暖、向阳、水湿条件良好的常绿灌木林、次生林、林缘等地段，成为滇西南亚热带的特有种类。

资源利用：云南野香橼在德宏各县市栽培，是传统的果品和药用植物。其果皮肥厚、脆、香、甜，可直接食用，用作下气，具除痰、健胃的疗效，果实还可供观赏，也用作蜜饯、果酱、饮料的原料。

据已有的分析资料，云南野香橼含挥发油及脂肪油等。挥发油含量 0.3%，其主要成分是右旋柠檬烯，占 90%。此外，还含有果胶、鞣质、水苏碱等。鲜果汁含枸橼酸、维生素 C、维生素 P 等。果皮含橙皮甙，是提维生素 P 的原料。

云南野香橼有抗旱、抗病虫害的能力，可用作柑橘、橙、柠檬等的嫁接砧木，培育高产抗逆品种。

　　开发推广:采种育苗是本种的基本繁殖方法，也有扦插法育苗。种子育苗在春、秋两季条播均可，覆土 2 ~ 3cm，因其喜温不耐寒，最好在大棚苗床上进行。宜保持 15 ~ 20℃的气温，每日喷水 1 ~ 2 次，保持土湿潮润，出苗后，苗高至 7 ~ 8cm，便可装袋移栽，培育室外苗。若用扦插方法，适宜选择春夏温暖、湿润季节进行；若于室内，须保持在 25℃左右，土壤足够湿润，约 30d 生根，生根半月后，便可装袋培育。柑橘类苗木应注意防治白粉病、介壳虫的危害；若发现叶色绿黄，则须补充土壤肥料。

果

四十三、密花胡颓子

学名：*Elaeagnus conferta* Roxb.。

异名：羊奶子、大果胡颓子、羊奶果、Ma luan gai（傣语）、Wa sir en xi（景颇语）、Pu mo shi（景颇 - 载瓦）。

科属：胡颓子科 Elaeagnaceae，胡颓子属 *Elaeagnus*。

标本来源：瑞丽市，海拔 800m 畹町萝芙木种子园中，伴生树种有马缨丹等。

形态和习性：常绿攀缘灌木，茎无刺，幼枝略扁，密被银白色鳞片。单叶，纸质，互生，椭圆形，全缘；叶面幼时被银白色鳞片，干后深绿色，叶背密被鳞片；侧脉 5 ~ 7 对，两面均明显，叶柄淡黄色，长 8 ~ 10mm。伞形短总状花序，小花银白色，花梗短，长约 1mm；花萼筒状，紧包子房，顶端 4 裂；雄蕊 4 枚，短。果实长椭圆形，坚果，被肉质萼管包围，长 20 ~ 40mm，熟时红色，果梗粗短。种子椭圆形，具肋纹。

花期 10 ~ 11 月，果期翌年 3 ~ 4 月。

地理分布和生境：胡颓子科、胡颓子属为北温带起源树木，共有 80 余种，我国产 60 余种（含变种），云南产 20 余种，德宏产 10 余种。本种产自东南亚及我国西南的广西、云南的热带及亚热带地区，适宜低纬、低山（海拔 1500m 以下）的高温高湿气候及砖红壤土壤。同时，有一定的耐低温、干旱、贫瘠的能力，且为非豆科根系结瘤树种。在德宏热区除自然生长于次生林、阳向灌木林外，也为群众栽培。

资源利用：密花胡颓子兼有食用、药用、观赏、环保等多方面的功能。其果实较大，结果多，营养价值高，色彩艳丽；可生食，可加工，可观赏。果实中还原糖、有机酸、蛋白质、维生素等的含量均较高。其中，粗蛋白质 2.45%、粗脂肪 2.8%、总糖 5.1%、总酸 1.45%，未发现有毒物质。据报道，其果实中含有 17 种氨基酸，总量达 6860mg/100g 干果。经加工后的蜜花胡颓子果果汁饮料，氨基酸总含量保持在 117.27mg/100g。所以，其果实除鲜食外，还可加工成果汁、果酱、汽水、蜜饯、罐头等。

另外，本种具有较高的药用价值。其根苦性平，祛风利湿、行淤止血，对传染性肝炎、风湿性关节病、咯血、便血、崩漏、跌打损伤等有疗效；其叶片称白绿叶，可全年采摘，晒干，性味酸平，煎汤内服 6 ~ 10g，用以治疗尿路感染、支气管炎、慢性肾炎水肿、胃痛等；果甘，酸平，消食止痢，对肠炎、痢疾、食欲缺乏等有治疗作用。

开发推广：密花胡颓子的生态适应力和繁殖力比较强。在其分布区内，用种子繁殖和扦插繁殖均可。种子繁殖在 4 ~ 5 月果熟后随插随播，种苗要求湿润环境，苗木须有 70% 的荫蔽；苗高 50cm 后便出苗移栽。插条繁殖须注意选择较湿润、土层深厚、砂壤质地的沟箐旁或林缘地段进行。种植株行距 2 ~ 3m。也见种植在庭院、门廊、围篱等处。由于胡颓子科树种具有自肥功能，即根系能结根瘤，且固氮能力强，故其生长迅速，常用作改土和涵水的先锋树种。此外，本种为攀缘大灌木，种植后若能即时搭架支撑，其结果量更大。

在密花胡颓子的分布区内，群众栽培较为普遍，还可用作庭院、四旁的景观布置，起绿化、美化和环保的作用。

枝叶（正面）

枝叶（背面）

幼果

果

枝叶标本

植株

四十四、油渣果

学名：*Hodgsonia macrocarpa*（Bl.）Cogn.。

异名：油渣瓜、油瓜、猪油果、Ba man ten（傣语）、Ge pai xi（景颇语）、Pei（景颇 - 载瓦）。

科属：葫芦科 Cucurbitaceae，油渣果属 *Hodgsonia*。

标本来源：瑞丽等嘎二队老寨，山坡，海拔 950m，砖红壤，次生林林缘群生，伴生树种有垂叶榕、红木荷、西南桦、鸡血藤等。

形态和习性：大型木质攀缘藤本，长达 30m，茎枝粗壮，无毛，具棱槽，卷须常为二歧。单叶互生，硬纸质，3～5 深裂，长宽均为 15～20cm，全缘，无毛；具掌状叶脉 3～5 条，粗壮，背面隆起。雌雄异株花；雄花序总状，长达 30cm，总梗粗壮；雄花花梗粗短，苞片长圆，肉质，5 裂，花冠 5 深裂，内白外黄，雄蕊 3 枚，几无毛；雌花单生，花梗粗短，花萼和花冠与雄花的相同，子房球形，具有 12 枚胚株，柱头 3，先端 2 裂。果实大型，扁球形，径达 20cm，淡红褐色，具有 12 条纵棱，内含能育种子和不育种子各 6 粒。种子长圆形，长 7～8cm，直径 4～5cm，子叶大，富含油脂。

花期 6～9 月，果期 8～11 月。

地理分布和生境：油渣果是热带湿热环境中生长的大型木质藤本，在东南亚诸国，如缅甸、印度北部、孟加拉国、斯里兰卡、马来西亚等有分布。在我国广西至滇南、藏东南河谷低山热区也有分布。云南省临沧、普洱、西双版纳、红河、德宏等热区有其生长，在德宏地区各市县海拔 1500m 以下低山湿热地段的密林边缘和路边疏林中，常有其攀缘于树冠上成群生长。

另外，在盈江县那邦低海拔地段还有一变种腺美油瓜（*H. macroeapa* var. *macrocarpa*）生长分布。

资源利用：种子富含油脂，味香甜，是优良的食用油料。据中国科学院西双版纳热带植物园对西双版纳产的油渣瓜种仁进行分析，其含油量达到 64.6%，碘值为 91.8，皂化值为 196.4。脂肪酸的组成（%）如下：肉豆蔻酸 0.3、棕榈酸 44.4、脂肪酸 11.1、油酸 16.1、亚油酸 28.1。

种仁油形态如猪油，具香味，能食用；油麸色白，富含蛋白质，无臭无味，烘干后香味似花生味。

　　油渣果的根可用于杀菌、催吐、截疟；果皮有消肿解毒、凉血止血、治疗胃和十二指肠溃疡出血的作用；茎和果肉用于配制灭杀黏虫的农药，效果良好。

　　油渣果是热区园林花架、棚架、墙面等悬垂绿化植物优选配置的藤蔓植物种类，具有绿化、遮阴、观赏的作用。

　　开发推广：人们曾在 20 世纪 70 年代于滇南热区对油渣果进行大量的种植试验和研究。其多种用途和综合效益突出，具有开发利用的可能和价值。

　　在自然状态下，其果实于秋后成熟，自然脱落、腐烂，种壳剥裂种子萌发，翌年长成新的植株，因而种子繁殖是推广途径。一般年底收瓜，年初取种子育苗；春末夏初选择海拔 1000m 以下的林地或林缘适宜场地种植。

花

瓜

四十五、澳洲坚果

学名：*Macadamia ternifolia* F. Muell.。

异名：澳洲胡桃、夏威夷果、昆士兰坚果、Gyenko、Jian guo（景颇语）、Jen go、Jian guo（景颇 - 载瓦）。

科属：山龙眼科 Proteaceae，澳洲坚果属 *Macadamia*。

标本来源：盈江县坝区边缘，海拔 900m 人工种植澳洲坚果林。

形态和习性：常绿乔木树，高可达 18m，树皮淡绿灰色光滑。树冠开展，分枝多，枝短，略下垂，故树冠浓密。幼枝和花被短毛，叶 3～4（5）片轮生，革质；幼叶黄绿，披针至倒披针形，稀为长圆形，长 12～36cm，宽 2.5～5.5cm；两面无毛，且有光泽，边缘有疏刺状锯齿，先端具刺尖，基部钝圆；中脉在叶两面突起，侧脉 10～20 对，在背面突起；叶柄短至无。总状花序腋生，与叶等长或较长；花序轴，小花梗，花被外面被褐色柔无，花梗长约 1.5mm；花小，两性，或对生，具短柄；苞片小，早落；花橙黄色或白色，花被近于辐射对称，长约 1cm；雄蕊生于花被的梢下部，花丝短，子房无柄，花柱长且直，柱头细小，胚株小。坚果球形，径约 3cm，外果皮革质，内有一具厚壳的种子。

种植 3～4 年后开花，花期 2～3 月，果期 8～9 月。开花量大，坐果率低，落果严重。

地理分布和生境：澳洲坚果原产澳大利亚昆士兰州东南部和新南威尔士州东部的湿润热带森林中。1948 年在夏威夷大规模种植，现在已广泛在南半球澳大利亚洲、非洲、南美等多处种植。我国于 20 世纪 70 年代开始引种到滇西南和西双版纳，德宏州以盈江、瑞丽最为集中，种植面积占 70% 以上。

澳洲坚果适宜生长于南亚热带季风气候区，年平均气温在 18～20℃，大于等于 10℃的年积温 7000℃左右，无明显霜冻，年降水量 1500mm，土层厚不少于 1m，土壤酸碱度为 5～6 的肥沃砖红壤性红壤。

资源利用：澳洲坚果果仁营养丰富，品质很好。以云南等地推广的 O.C 品种为例（贺熙勇等，2013），其单果仁重 2.5g，出仁率 34.2%，乳白色，风味佳；一级果仁率 95.3%，其含粗脂肪约 78%，粗蛋白质 10%～11%，总糖量约 4%，还含有维生素 B、维生素 E 和磷、钾、钙、锌等多种矿质元素。果实可生食和加工，加工后质细、酥脆、清香、风味独特;同时用作糖果、巧克力、冰淇淋等多种组合原料;还可用于榨取食用色拉油、医用保健油,配制高级美容化妆品。

澳洲坚果果皮含 14% 鞣质,用于鞣制皮革;含 8% ~ 10% 的蛋白质,粉碎后可混作家畜的饲料;果壳是制作活性炭的原料。此外,木材显红色,材质硬,纹理细,是制作家具、装修、工艺品等的优良木材。

澳洲坚果同属的树种有 10 种,产于南半球。同时,澳洲坚果的栽培品种也较多,形态习性和经济性状均有差别。20 世纪末以来,贺熙勇等(2013)曾做过品种选择的专项试验和报道,提出将 HAES900、O. C、H2 等作为云南栽培的主导品种推广,其中 O.C 品种于 2011 年云南省林木品种审定委员会审定通过。

开发推广:云南是澳洲坚果种植规模和产量最大的省区,其中德宏州的盈江、瑞丽等市县是主产区。建园建议选择适宜品种的种子育苗造林方式,园地要求选在海拔 1200m 以下,光照充分,土壤疏松,厚度 0.8m 以上,排水良好的酸性砖红壤或砖红壤性红壤。定植苗木沿山地等高线水平地带,株行距 4.5m×6.5m,以每亩 20 株左右为宜,要求高规格果园挖定植坑标准,并施有机底肥。苗木选择苗龄一年以上的优良品种健壮嫁接苗,定植时还需注意:①品种配搭,2 ~ 3 个亲缘关系疏离的品种混植,防治自交不亲和,影响结实;②果园内可套种咖啡、茶叶、菠萝,有利中耕管理和获得多种效益。定植后的园地水肥管理、果树整形修剪,以及果熟期的即时采收、晾晒、病虫害防治等都是获得高产稳产的注意事项。

滇西南的澳洲坚果种植已是我国乃至世界面积最大的产业,对国家的木本油料产业发展具有举足轻重的意义,也是推动德宏地区经济发展的重要内容,具有极其光明的开发前景。

花枝标本

枝叶

花序　　　　　　　　　　　　　花序枝

花、幼果枝　　　　　　　　　　果枝

植株　　　　　　　　　　　　　生境

四十六、八角

学名：*Illicium Verum*。

异名：八角茴香、大茴香、八月珠、Maga（壮族语）、Ba go（景颇语）、Baguo（景颇 - 载瓦、傣语）。

科属：木兰科 Magnoliaceae，八角属 *Illicium*。

标本来源：瑞丽等戛二队综合区，海拔 922m，山地砖红壤，人工林，伴生树种有西南桦，且有成片人工林。

形态和习性：常绿乔木，高达 20m，树皮灰色至红褐色；全株无毛，具有油细胞。单叶革质，不规则的互生或集生小枝顶，倒卵状椭圆形至长椭圆形，长达 14cm，宽至 5cm，顶端尖，基部楔形，上面光泽，下面淡绿色，有透明油点。花单生叶腋或顶生，花被片 10 左右，粉红至深红色，雄蕊 11 ～ 20 枚，心皮常为 8。聚合果由 8 个蓇葖果组成，呈八角形，直径 3.5 ～ 4cm。种子有光泽，褐色。

每年有开花结果两次的可能。第一次在 3 ～ 4 月开花，9 ～ 10 月果熟，是主产季节；第二次在 9 ～ 10 月开花，翌年 3 ～ 4 月果熟。

地理分布和生境：八角又名八角茴香、大茴香，其原因在于其蓇葖果含有香油，是传统的烹调食物和添香健胃食材。与八角同属的植物约有 50 种，分布于亚洲东南部和北美洲东南部。我国的主产区是西南和华南，在云南有 13 种。其自然分布于亚热带常绿阔叶林区域，而且以南亚热带季风常绿阔叶林区域为宜。这些种类在德宏州共有 6 种，它们是八角、中缅八角（*I bumanicum*）、红毒茴（*I. lanceolatum*）、大八角（*I. majus*）、滇西八角（*I. merrillianum*）、野八角（*I. simonsii*）。它们的全株各部都含油细胞，尤以花、果、种子含量最多。

八角是栽培和应用最广的，也是我国和云南的主要栽培种，其适生环境以年平均气温 16 ～ 21℃，最冷月不低于 10℃，年降水量在 1000mm 以上，山地生长海拔在 800 ～ 1600m 的多云雾地段最好。所以，德宏州各县均有栽培分布。

资源利用：全州各县市栽培。八角果实富含香油，是调味"大料"。花、叶、果实所含香油用作健胃剂、兴奋剂，有祛风、祛痰、调中、镇痛之效。从果皮、种子乃至叶片中都可蒸馏出芳香油（称茴香油或八角油），鲜果皮含油量为 5% ～ 6%，鲜种子为 1.7% ～ 2.7%，新鲜枝叶为 0.7% ～ 0.9%。中国科学院昆明植物研究所对采自云南富宁的种子样品进行分析，其含油率为 42.3%，油的折光率（20℃）

为 1.4713，比重（20℃）为 0.9285，碘值为 96.8。脂肪的组成（%）如下：棕榈油 21.0、硬脂酸 4.3、油酸 40.2、亚油酸 34.5。

八角油可在工业生产中提取大茴香，再合成大茴香醛、大茴香醇，广泛用于食品、啤酒、制药、化妆品及日用工业用品的生产。

八角树茎木材纹理直、结构细、质轻软，因有特殊香味，还可以防止虫蛀，是制作家具、装修、建筑的优良木材。

开发推广：八角全身是宝，是其分布区的广栽树种。繁殖方法用种子育苗。采种选择 30 ～ 40 年生的健壮母株树，于 10 月果实成熟呈黄褐色时采集。为防止其丧失发芽力，须调种，用湿沙拌种储藏，在翌年 2 月前播种。可采用条播，或撒播，也可用营养袋育种。播后盖草，搭荫棚，保持土壤湿润。两个月左右出苗，发芽率可达 80%，到 8 ～ 9 月后拆除荫棚，中耕除草浇水，两年生苗高 50 ～ 70cm，便可移苗造林。

八角是一种喜欢暖湿，但能耐阴的树种，在强光直射的阳坡上反而生长不良，所以立地应选择以温湿、半荫蔽、排水良好肥沃的酸性土壤较适宜。八角林根据利用的目的分为果用林和叶用林。前者以收果实和种子为目的，种植株行距以 4m×5m 为宜，每公顷植 150 株；后者以采叶蒸油为目的，株行距以 1.5m×1.5m 为宜，每公顷植 4500 株。苗高 1m 时定干，采用头状矮林作业，有利长枝叶和便于采叶。

枝叶标本

枝叶

果枝

生境

植株

香料、中药饮片

四十七、滇南美登木

学名：*Maytenus austroyunnanensis* S. J. Pei et Y. H. Li。

异名：无。

科属：卫矛科 Celastraceae，美登木属 *Maytenus*。

标本来源：瑞丽市海拔 795m 人工种植园灌木，伴生树种有萝芙木、糖胶树、萼翅藤等。

形态和习性：常绿灌木，高达 3m。小枝灰色，有刺状短枝，长 3～4cm，粗壮。单叶互生，螺旋排列；叶近革质，椭圆至长圆形，长达 14cm，宽至 7cm；先端钝渐尖，基部楔形，下延，边缘具锯齿，侧脉 7～8 对，叶面网脉不明显。聚伞花序，多 2～3 次二歧分枝，生于短枝顶端，稀腋生，长 1～3cm，花序梗长 4～6cm；花小，白色，直径仅 6～8mm，5（4）数花，子房 3 室。蒴果呈陀螺状，长 1～2cm，室背开裂至 2～3 瓣。种子有假种皮。

花期 5 月，果期 8～9 月。

地理分布和生境：美登木是多种属植物，有 220 多种，分布于亚洲、非洲、美洲等热带、亚热带地区。我国有 27 种 1 变种，分布于西南和东南等区域。主产云南、广西等省区，云南产 13 种 1 变种。其中，德宏州有 4 种分布。它们是滇南美登木、细梗美登木（*M. gracilliramula*）、美登木（*M. hookeri*）、长序美登木（*M. thyrsiflorus*）。它们分布在瑞丽、芒市、盈江、梁河等海拔 210～1000m 的山地季雨林、季节雨林中。其中，滇南美登木作药用植物栽培。本种自然分布于盈江铜壁关 720～1000m 的季节雨林及相关次生林中。

资源利用：据中国科学院云南植物研究所对采自景洪的种子进行分析，其含油率为 57.4%，油的折光率（40℃）为 1.4652，比重（40℃）为 0.9353，碘值为 107.4，皂化值为 239.0，酸值为 4.8，不皂化物为 1.8%。脂肪酸的组成（%）如下：月桂酸 0.5、肉豆蔻酸 0.1、棕榈酸 23.9、硬脂酸 8.9、花生酸 0.4、油酸 18.5、亚油酸 30.1、亚麻酸 16.9、2 种未鉴定酸为 0.4 和 0.3。已有栽培的另一种美登木（*M. hookeri*）的种子含油率为 56.6%。

美登木药用部分包括其根、茎、叶。根、茎全年可采，常用鲜品，随采随用，也可在夏秋和叶子同时采集，晒干备用。其药用价值和方法略异，根、茎切片配方煮水、煎服，具调理肠胃、活血化瘀、消治脓疮的功效，并有抗癌抑癌作用；

叶片泡茶，有清热、消炎、解毒、健胃、防癌等功效。

美登木单用治胃病，对防癌有明显价值，但有毒性，不可大量应用，宜作配方。其化学成分复杂，有待进一步研究。

开发推广：滇南美登木自然分布于西双版纳海拔 700 ～ 1000m 的山坡，雨林、沟谷雨林中，中国科学院西双版纳热带植物园用种和枝条扦播等方法繁殖，均取得成功。该树种要求常年高温多雨的气候，年平均气温在 20 ～ 22℃，年降水量在 1500mm 以上，年相对湿度达 85%，冬季无霜的地区均可推广。

种子育苗，一年生苗即可出土种植；扦插苗须 3 个月生根，半年可出苗。苗木需适当遮阴，加强水肥管理，苗木才健壮。种植两年后即可修枝采叶，每亩产量 100kg 左右。

美登木种子含油率高，但作为采收种子榨油的生产试验尚无报道。

花、枝叶标本

花、枝叶

植株

中药饮片

四十八、云南萝芙木

学名：*Rauvolfia yunnanensis* Tsiang。

异名：萝芙藤、白花矮陀、勒毒、麻三端（傣语）、拿啪那此（拉祜语）。

科属：夹竹桃科 Apocynaceae，萝芙木属 *Rauvolfia*。

标本来源：畹町镇弄弄村珍稀药用植物园，海拔894m，人工种植，伴生植物有木奶果、糖胶树、小米辣。

形态和习性：常绿灌木，高至2m。茎上部绿色，有棱，无毛；茎下部灰褐色，有淡黄色圆形皮孔。根淡黄色，侧根多。叶纸质，椭圆形或披针椭圆形，先端长渐尖，基部楔形，长达20cm，宽至9cm；中脉在叶面微凹，在叶背凸起，侧脉两面明显，12～17对，不达边缘。叶柄扁平，长约1cm。聚伞花序腋生，花多，稠密，多至150朵；总花梗4～9条，从上部小枝腋间长出；花萼钟状，裂片5；花冠白色，花冠筒长12.5mm，中央膨大，内有柔毛；裂片广卵形，长宽约相等；雄蕊生于冠筒膨大处，花药背部着生；子房由2枚离生心皮组成，无毛，花柱丝状，柱头棒状，基生一环状薄膜。核果红色，扁平，椭圆形，长约1cm，直径5mm。

花期3～12月，果期5月至翌年春末。

地理分布和生境：云南萝芙木在滇南西双版纳、红河州多地生长，在德宏州芒市海拔1300m的山地热带森林、灌木林中也有分布，是云南省三级保护植物。在德宏州还产两种萝芙木，即蛇根木（*R. serpentina*）和萝芙木（*R. verticillata*）。它们的生长区也均在海拔1000m的热带范围。药用价值不及本种，但它们分别是国家二级和云南省三级保护植物。

资源利用：云南萝芙木是云南省特产的珍贵药用植物。其药物性状鉴定特征是，根呈圆柱形，略弯曲，长（15）30～50cm，粗（0.7）1.5～2cm，少分枝。表面灰黄、灰棕或灰褐，多数根的外皮较松软，易成裂片状，剥落后露出黄色木质部。质坚脆，折断面较平坦，从根部提取出的总植物碱制剂称为"降压灵"，降压效果达80%，作用快且持久。

据中国科学院西双版纳热带植物园对采样进行分析，其根所含的利血平达到0.072%～0.107%，含量最高。同时，还含有利新安、四氢蛇根碱、萝芙木碱等20多种生物碱，总生物碱含量达1%～2%。

云南萝芙木除治疗高血压病外，还用于治疗神经性皮炎、慢性湿疹等多种皮肤病，具有较好的镇静止痒作用，有效率达 89%。另外，还可用于清风热、降肝火、消肿毒。民间用其根煎服治头痛感冒、咽喉肿痛、高血压眩晕、痧症腹痛、吐泻，还将其捣烂叶敷治跌打、蛇咬伤。

开发推广：云南萝芙木自然资源的过度采挖利用导致其绝种。引种驯化、栽培和发展萝芙木势在必行，同时也是山区发展经济、脱贫致富的途径。在德宏州各市县，海拔 1200m 以下，年平均气温 20℃ 以上，最低温不低于 5～7℃，年降水量 1200mm 以上的山区森林地段均可种植。

繁殖方式有种子繁殖和扦插繁殖两种。种子繁殖在 6～7 月采种，搓去果皮，选择饱满籽粒，播前用 60% 硫酸浸泡 4min，后用清水漂洗，再用温水浸泡 20h；然后用沙拌匀置于盆内，盖沙，保湿；1 个月后种子萌发，再条播于苗床中，并盖草浇水保湿；小苗 10d 左右出土，揭去盖草，注意遮阴与水肥管理；苗高 30cm 时，便可移苗，定植造林。

多用途的云南萝芙木在当前的主要开发方向包括：①提取生物总碱制取"降压灵"，治疗高血压；②提取育亨宾碱制取"痿必治"，治疗阳痿。后者价格相当昂贵，云南萝芙木是新药源，极具市场开发潜力，在当前野生资源濒于枯竭的情况下，大力栽种和发展云南萝芙木有较好的前景。

枝、叶、果

花

果

植株

四十九、催吐萝芙木

学名：*Rauvolfia vomitoria* Afzel. ex Spreng.。

异名：麻三端（傣语）。

科属：夹竹桃科 Apocynaceae，萝芙木属 *Rauvolfia*。

标本来源：畹町镇弄弄村珍稀药用植物园，海拔 894m，人工种植，伴生植物有木奶果、糖胶树。

形态和习性：灌木，具乳汁。叶膜质或薄纸质，3 ~ 4 叶轮生，稀对生，广卵形或卵状椭圆形，长 5 ~ 12cm，宽 3 ~ 6cm；侧脉弧曲上升，每边 9 ~ 12 条。聚伞花序顶生，花淡红色，花冠高脚碟状，冠筒喉部膨大，内面被短柔毛；雄蕊着生花冠筒喉部；花盘环状；心皮离生，花柱基部膨大，被短柔毛，柱头棍棒状。核果离生，圆球形。

花期 8 ~ 10 月，果期 10 ~ 12 月。

地理分布和生境：畹町、瑞丽有栽培，广东、广西有栽培。原产热带非洲，现南美洲各地有栽培。模式标本采自非洲西部。

资源利用：植株有毒，根、叶可提制呕吐、泻药，茎皮可治发高烧、消化不良、疥癣，乳汁可治腹痛和作腹泻药。在西非有用其根来提取利血平生物硷代替"寿比南"原料。

开发推广：可以作为降压药用植物栽培。

花（一）　　　　　　　　　　花（二）

果（一）果（二）

枝叶

植株、生境

五十、密蒙花

学名：*Buddleia officinalis* Maxim.。

异名：老蒙花、蒙花、羊耳朵夹、水锦花、黄饭花、黄花醉鱼花、Sumulang（景颇语）。

科属：马钱科 Loganiaceae，醉鱼草属 *Buddleja*。

标本来源：瑞丽市勐秀小街，山坡海拔 1650m 公路边次生林、灌丛中。

形态和习性：落叶灌木或小乔木，高 2m，可至 8m。树冠略披散，小枝稍具四棱。枝、叶柄、叶面、花序等均被白色星状毛和茸毛，茎上的毛渐次脱落。单叶对生，长椭圆形至披针形，长达 15cm，宽至 5cm，全缘或疏生小齿。花小，芳香，组成顶生或腋生聚伞圆锥花序；初夏开花，淡紫色或微黄色；花苞、萼筒、花冠密被白色绒毛；花萼钟状四裂；花冠管上端缢缩，4 裂，平展；雄蕊 4 枚，近无花丝，着生花管中部；子房上位，2 室。蒴果卵形，2 瓣裂，花萼、花冠宿存。种子多粒，细小，具翅。

花期 2～4 月，果期 5～8 月。

地理分布和生境：密蒙花生长适应性强，在云南、贵州、四川等西南各省都有分布。在滇西德宏州各县市海拔 800～1600m 亚热带山区的河边、路旁、林缘等灌草丛、次生林中都能生长，在不受干扰的情况下，能长成高达 8m、茎粗 20cm 的小乔木。

资源利用：密蒙花同属的种类在德宏州共有 13 种。除密蒙花外，白背枫（*B. asiatica*）、醉鱼草（*B. lindleyana*）等同属的多种植物的花都可提取芳香油，具有消炎、杀菌等药用价值，而且可用作兽药、农药。密蒙花是民间应用较普遍的草药种类之一，而且其分布最广，数量较多。

药材采自花蕾和叶子，晒干备用。根可全年采挖，洗净，切片，晒干备用。干燥花序是主要的药材，其大小不一，均为聚伞花序组成，多达数百朵花呈团块状；多呈暗黄色，密被黄色短茸毛。

花含蒙花甙，即柳穿鱼甙（$C_{28}H_{32}O_{14}$），水解后得刺槐素及鼠李糖、葡萄糖各一分子。其性味甘、微寒，有清肝明目、退翳的功效，可用于眼目热症、羞明晨光、红肿翳膜、肝虚目暗、视物昏花。

此外，民间常用花作为黄色食品涂料，并提取芳香油。根煮水治黄疸水肿，枝叶治牛红白痢。

开发推广：密蒙花适应力很强，选择立地不严，繁殖推广容易。可用种子育苗移栽造林。7～8月摘种子，除去杂质，阴干储存，待翌年3月播种。因种子小，用湿草木灰拌种散播苗床，并盖草遮阴，保持湿润，10d左右发芽，待苗长10～15cm高后，分装袋苗，拆去荫棚。约一个半月后幼树长高达30cm便可移栽，此时正值雨季，容易存活，生长也快。另外，繁殖还可采用根蘖分植和扦插方法。插条选用头年生枝条，粗约1cm，长30cm的健壮枝条为宜；用0.1%的吲哚乙酸处理，可促进生根。

花序、枝叶标本

枝叶

聚伞花序

植株

五十一、海南龙血树

学名：*Dracaena cambodiana* Picrre ex Gagn.。

异名：岩棕、柬埔寨龙血树、小花龙血树。

科属：百合科 Liliaceae，龙血树属 *Dracaena*。

标本来源：瑞丽珍稀植物园、山地西南坡，海拔 1100m，疏林地种植，丛生。

形态和习性：常绿灌木或乔木，高可达 20m，茎干粗至 1m；茎上残留叶痕，分枝多，树冠呈卵形；树皮灰白色，光滑，老干树皮灰褐色，有细纵裂纹，常星片状脱落；木材受伤部位因溢出树脂累积而呈深红褐色；幼枝有明显的环状叶痕。叶聚集丛生于枝干顶，叶片薄革质，扁平，剑形，长 30～50cm，宽 2～4cm，光滑无毛，边缘膜质，叶脉直出；顶端长渐尖，向基部略窄，而后扩大抱茎，近叶片基部有少量红色液汁溢出。花组成顶生疏散的圆锥花序，满布于整个树冠分枝上部，花序轴长达 40cm，密被刚毛；2～5 朵簇生，淡黄绿色，花梗长 2～4mm，有小苞片；花被裂片 6，长 0.8cm，下部合生，成浅筒状，外部被毛，乳白色；雄蕊 6 枚，花丝橘红色，花药黄色；子房上位，椭圆形，3 室，每室有胚株 1 粒。果为球形浆果，直径 6～8mm，橘红色。种子 1～3 粒。

花期 3 月，果期 7～8 月。

地理分布和生境：本种于芒市、瑞丽、陇川、盈江等市县海拔 770～1040m 的季节性热带雨林气候区内自然保存，生长在石灰岩山地阳坡，坡度大，乃至悬崖绝壁的石缝中，组成小片单优林。在滇南的勐腊、景洪、景谷、普洱、镇源等地石灰岩山地雨林中也有生长，和滇南相邻的柬埔寨、越南也有分布。

资源利用：在德宏州自然分布的龙血树属的植物共有 4 种。其中海南龙血树和剑叶龙血树（*D. cochinchinensis*）用作采收提炼血竭的树脂原料。而且海南龙血树列为国家二级保护珍稀濒危植物，在德宏州各县市驯化栽培，为园林观赏植物。

取海南龙血树的木质部分别用乙醇和乙醚提取树脂，然后加以浓缩，便得血红色的血褐粗制品和精制品，产率分别为 32% 和 23%，精制品为具有光泽的片状树脂，从血褐中分离出。血褐红素、血色素均为黄酮类红色结晶。此外，还含有血褐白素、血色树脂烃等。

　　血褐的功效是活血、化瘀、行气、止痛等，外用止血、敛疮、生肌，对跌倒损伤、瘀血作痛、外伤止血、疮伤久不收口有明显的医治效果。

　　开发推广：海南龙血树天然生长于石质山地季节雨林区，分布在海拔 1000m 以下，要求热量条件较高，喜肥沃、不积水的石灰质砖红壤环境，还有一定的耐旱能力。

　　该树种的繁殖可采用种子沙床育苗和枝茎扦插，两种方法的效果都较明显。

　　无论从保护珍稀树种看，还是从提取血褐和园林布置的应用看，海南龙血树都应是热带岩溶山区保护和发展的特种树木资源。

枝叶

植株

五十二、苏铁蕨

学名：*Brainea insignis*（Hook.）J. Sm.。
异名：无。
科属：乌毛蕨科 Blechnaceae，苏铁蕨属 *Brainea*。
标本来源：瑞丽珍稀植物园，海拔 1100m，花岗岩，砖红壤，南向坡，次生林，伴生树种有杯状栲、刺栲、滇西紫树。林内中草，丛高 0.6m，多年生。

形态和习性：多植株高达 1.5m。主轴直立或斜上，粗 10～15cm，单一或有时分叉，黑褐色，木质，坚实，顶部与叶柄基部均密被鳞片；鳞片线形，长达 3cm，先端钻状渐尖，边缘略具缘毛，红棕色或褐棕色，有光泽，膜质。叶簇生于主轴的顶部，略呈二形；叶柄长 10～30cm，粗 3～6mm，棕禾秆色，坚硬，光滑或下部略显粗糙；叶片椭圆披针形，长 50～100cm，一回羽状；羽片 30～50 对，对生或互生，线状披针形至狭披针形，先端长渐尖，基部为不对称的心脏形，近无柄，边缘有细密的锯齿，偶有少数不整齐的裂片，干后软骨质的边缘向内反卷，下部羽片略缩短，彼此相距 2～5cm，平展或向下反折，羽片基部略覆盖叶轴，向上的羽片密接或略疏离，斜展，中部羽片最长，达 15cm，宽 7～11mm，羽片基部紧靠叶轴；能育叶与不育叶同形，仅羽片较短较狭，彼此较疏离，边缘有时呈不规则的浅裂。叶脉两面均明显，沿主脉两侧各有 1 行三角形或多角形网眼，网眼外的小脉分离，单一或一至二回分叉。叶革质，干后上面灰绿色或棕绿色，光滑，下面棕色，光滑或于下部（特别在主脉下部）有少数棕色披针形小鳞片；叶轴棕禾秆色，上面有纵沟，光滑。孢子囊群沿主脉两侧的小脉着生，成熟时逐渐满布于主脉两侧，最终满布于能育羽片的下面。

地理分布和生境：苏铁蕨在华南至西南的广东、广西、台湾、贵州、云南等均有分布。在滇西南德宏州各县市海拔 600～1800m 的山地广为生长。其适宜在温暖无霜、光照充足、水湿良好，且排水通畅的地段生存，说明其有较好的适应能力，其立地往往是次生林地、林缘、灌丛、沟箐边缘，乃至荒地上也能生活。因形态优美，还可盆栽作庭院和室内观赏植物。

资源利用：苏铁蕨是国家二级保护植物，须注意重点保护。在传统利用上是以其根茎作"贯众"使用。中草药里被视为"贯众"的种类多达 10 余种大型蕨类植物的根茎，其性味苦凉、有毒，具有清热、解毒、止血的功效。在临床应用上

植株

生境

可用于预防麻疹、流行性乙型脑炎、流行感冒、治痢疾等。苏铁蕨有较强抗腺病毒（Ad3）活性。对猪蛔虫有一定的杀伤作用。

开发推广：在严格保护的前提下开发利用：①引种繁殖作园林观赏植物栽培；②用作"贯众"药物，和其他种"贯众"混杂，从分辨清楚不同"贯众"的医药成分，分别发挥其作用看，尚须深入分析研究。

栽培繁殖可用分株（根茎）营养繁殖，一般限于以野外采掘移入苗圃种植，也可利用孢子和幼叶进行组织培养。采用常规孢子繁殖时，可将具成熟孢子的叶片剪下，装入蜡纸袋中，待自然干燥后孢子散出，播种于泥炭土与河沙等量混合的培养土中，一个半月左右可发芽，再经过 1 ~ 2 个月的培养可长成小植株。如采用成熟孢子进行组织培养，萌发的速度比常规播种快、发芽率高，能形成大量的小苗，可大大加快繁殖速度。

五十三、金毛狗

学名：*Cibotiun barometz* (L.) J. Sm.。

异名：金毛狗脊、狗脊、金毛脊、猴毛头、金毛狮子、黄狗头、Gu han（傣语）、Ken mu（景颇语）、De lan mo（景颇 - 载瓦）。

科属：蚌壳蕨科 Dicksoniaceae，金毛狗属 *Cibotium*。

标本来源：瑞丽珍稀植物园，海拔 1118m 山坡次生林内，花岗岩，南向，砖红壤性红壤，密集成片，100 株 /60m²，株高 1.2m，伴生树种有西南木荷、光叶槭、刺栲。

形态和习性：多年生树型蕨，高 2 ～ 3m。根状茎粗大，平卧，木质。叶柄粗壮，其根部的根状茎上均密被金黄色线形长茸毛，有光泽，形如黄毛狗头。顶端丛生巨型叶，长达 2m，叶柄长达 1m；羽裂片，广卵状三角形，纸质，两面有褐色短毛，三圆羽状分裂，羽片互生，下部羽片卵状披针形，上部羽片逐渐缩小，至顶部呈狭卵尾状，羽片深裂至全裂，紧密排列，条状披针形。孢子囊群生于边缘的侧脉顶端，每裂片 2 ～ 12 枚，囊群盖 2 瓣，双唇状，形如蚌壳，棕褐色，成熟时侧裂。

地理分布和生境：金毛狗分布于亚洲热带，如东南亚、印度、缅甸、泰国等。我国浙江、江西、湖南、福建、广东、广西、四川、贵州、云南等均有生长。在德宏州各县市也均有分布。生长于海拔 2000m 以下的山谷、沟箐边、常绿阔叶林及灌木林中阴湿、深厚酸土处，常呈小片丛生。

资源利用：金毛狗是国家二级保护植物。其根状茎洗净切片和金毛干燥后，经加工可备作药用。根中含绵马酚及 30% 的淀粉。甲醇提取物水解产生山奈酚 (Kaempferol)。根茎的黄色柔毛含鞣质及色素。根茎叶味苦、甘、温，具有补肝肾、强筋骨、壮腰膝、祛风除湿、利尿通淋的功效。叶柄基部的黄色绒毛可治疗外伤出血，是止血良药。

开发推广：金毛狗脊是中草药中的著名药材和传统利用野生资源。随着常绿阔叶林及其生境遭破坏和对资源要求量扩大矛盾的突出，有人尝试用营养繁殖的方法种植开发，如用其根茎进行分枝繁殖和块茎繁殖，这些均须进一步的研究。

根状茎和拳卷幼叶   叶

植株

生境

五十四、篦齿苏铁

学名：*Cycas pectinata* Griff.。

异名：篦齿苏铁、凤尾棕、Le mu she dai（景颇语）。

科属：苏铁科 Cycadaceae，苏铁属 *Cycas*。

标本来源：瑞丽珍稀植物园，海波 1120m，南向山坡林下，群生态，高 1.8m。在盈江，海拔 800 ~ 1200m 的次生林、竹林中也有生长和栽培。

形态和习性：常绿小树，高 1 ~ 4m，干粗壮，圆柱形，不分枝，密被宿存的叶柄基和叶痕，叶丛生于茎顶。一回羽状复叶，长达 2m，柄基部两侧有刺；羽片达 100 对以上，条形，质坚硬，长达 20cm，宽至 6mm，端尖硬呈刺状，边缘平坦不反卷，且光滑无毛。夏季长出大、小孢子叶球，雌雄异株；小孢子叶球圆柱形，长达 70cm，有短梗，小孢子叶长方状楔形，有急尖头，被黄色长线毛；大孢子叶球偏卵形，大孢子叶扁平，长达 20cm，密被黄褐长绒毛，上部宽卵形，羽状分裂，下方两侧着生数枚近球形胚珠。种子卵圆形，长 2 ~ 3cm，黄褐色，有光泽。

大、小孢子叶球于 4 ~ 5 月逐渐长成，翌年 3 ~ 4 月种子成熟。

地理分布和生境：滇西南德宏地区有两种天然生长的苏铁，即篦齿苏铁和云南苏铁（*C. siamensis*），均被列为国家一级保护植物，二者的天然分布区大致相同，除国外东南亚有分布外，国内主要分布在滇南和滇西南。在德宏地区云南苏铁于芒市 500 ~ 1300（1500）m 的季雨林下有记载，篦齿苏铁在盈江海拔 800 ~ 1200m 的山地雨林、次生林或竹林中均有分布。从其自然分布环境看，篦齿苏铁适宜温暖湿润的云南亚热带和山地热带的森林环境，同时有一定的趋光和适应干旱的能力。

资源利用：我国产的 9 种苏铁和云南产的 5 种苏铁中的大部分已被人们广泛引种驯化，栽作庭院观赏植物和布置室内景观。其茎干髓部淀粉供食用，其羽叶、孢子叶、种子、根的性味甘淡平和。叶含双黄酮化合物，茎含木糖、葡萄糖、半乳糖，种子含苏铁甙、新苏铁甙 A、新苏铁甙 B、昆布二糖、油脂、葫芦巴碱、胆碱等成分。在传统的中草医药中，其叶用作收敛止血、解毒止痛，大孢子叶用作理气止痛、益肾固精，种子用作平肝、降血压，根用作祛风、活络、补肾。其中，苏铁的种子和茎顶树心含苏铁甙较多，有致呼吸麻痹的副作用，须慎用。

开发推广：包括篦齿苏铁在内的几种苏铁均为中生代白垩纪古地质历史变迁过程中残留的珍稀古特植物。它们都有较强的适应能力，尤其对干热少土的立地适应力强。其在德宏地区的热带至亚热带河谷、山地都适宜推广种植。其种植方法是采种育苗或根茎萌蘖分株，都有成功的繁育经验。

小孢子叶球

植株

生境

五十五、七叶一枝花

学名：*Paris polyphylla*。

异名：云南重楼、滇重楼、阔瓣重楼、虫楼。

科属：百合科 Liliaceae，重楼属 *Paris*。

标本来源：瑞丽市金星园排罗基地，海拔 1550m 山地河谷，花岗岩，褐红壤，林内人工种植。

形态和习性：多年生草本，根状茎粗壮，逐年长节，横走。茎草质，单一，直立，高可达 100cm 以上，全株无毛，绿色。叶 5 ~ 9 枚（多数 7 枚）于茎顶部轮生，侧卵形，长达 15cm，宽至 8cm，先端尖，基部楔形；全缘，叶面绿色，叶背粉绿色；叶柄长 1 ~ 2cm，常紫红色。花单生茎顶，花梗长 5 ~ 15cm；萼片叶状，5 ~ 9 数，绿色，无柄；花瓣线形，长于萼片并与之同数，宽 2 ~ 4mm，黄绿色。浆果状蒴果，近球形，熟后暗紫色，室背开裂。种子细小，多粒。

花期 4 ~ 5 月，果期 9 ~ 10 月。

地理分布和生境：重楼属的植物在滇西南共有 6 种，它们都被视为中草药开发利用。七叶一枝花是云南的特有种，在滇中至滇西的山地，广布海拔 700 ~ 3600m 地段，多生长于阴湿、肥沃、土厚的林下、灌丛中、岩崖上。滇西南德宏州各县市均有分布，多生长在海拔 1500m 以上的季风常绿阔叶林、中山湿性常绿阔叶林中。其要求林内阴湿、林地土壤深厚肥沃的环境，生长分散，难成块成片，加之多年的采挖，自然状况下未见大型个体，数量也较稀少。包括七叶一枝花在内的几种重楼已成为珍稀和保护物种。

资源利用：七叶一枝花根茎作药，秋冬采挖，清除渣土，刮去表皮，晒干，或用 30℃ 微热烘干，避免根茎糊化呈胶质状。药材以粗壮、质地坚实、断面白色、粉性充足者为佳。根茎含有多种皂甙，主要的皂甙是重楼甙Ⅰ、重楼甙Ⅱ、薯蓣皂甙、薯蓣次甙A、偏诺皂甙Ⅱ（即重楼皂甙Ⅵ）、偏诺皂甙Ⅶ 和脱皮甾酮等，还含有蔗糖和苦味成分。水解后的皂甙元为薯蓣皂甙元（Diosgenin）和少量苦味成分。

七叶一枝花味苦，微寒，有清热解毒、消炎镇痛、止咳平喘、熄风定惊等功效，内服 3 ~ 9g。另外，外用研末调敷治疮伤肿毒、毒蛇咬伤、乳腺炎、扁桃腺发炎、腮腺炎。

开发推广：七叶一枝花为《中华人民共和国药典》（2015）收藏，是云南白药、宫血宁、夺命丹、总皂甙片及有关粉剂、散剂、擦剂等中成药的重要配方药，行销国内外。其在抗菌、消炎、止痛等方面广泛应用，科学研究很多，是很值得开发的宝贵资源。

因长期采挖利用，目前野生资源十分紧缺，已受到广泛重视。可采用种子和切割根茎两种方法育苗繁殖。因其种子细小，播种时须拌糠灰或细渣土混撒，或条播。苗床整地须细致，播种深度不宜超过 5cm，须盖草，遮阴，保湿。种子萌苗后，苗高在 5cm 以上便移植到苗圃，一年生苗高达 30cm 后，再移植大田，也可容器种植。七叶一枝花根茎每年长一节，须长数年（5 ~ 10 年）后再挖，粗壮根茎药效才好。

植株标本

茎顶单生花

植株（地上部分）

根状茎

植株

中药饮片

五十六、滇黄精

学名：*Polygonatum kingianum*。

异名：西南黄精老虎姜、节节高、德保黄精、仙人板。

科属：百合科 Liliacee，黄精属 *Polygonatum*。

标本来源：瑞丽市金星排罗基地,山地海拔 1550m,花岗岩,褐红壤,谷地人工林,林内栽培。

形态和习性：多年生粗壮草本，高至 2m；根状茎肥厚，呈块状膨大，成节似串珠状，黄白色，横走；茎直立，光滑无毛，淡绿色。叶通常 4 ~ 8 片，轮生，无柄；叶片稍革质，条形或条状披针形，长 8 ~ 13cm，宽 1.5 ~ 2cm，先端渐尖且卷曲，基部渐窄。夏季开淡绿色或紫红色花，聚伞花序腋生于茎的中部，通常 2 ~ 4 朵花，总花梗长 2 ~ 3cm，下垂，小花梗 5 ~ 9mm，苞片条形，花被管状，卵形，长约 2cm，先端 6 浅裂，裂片细小，直伸；雄蕊 6 枚，花丝短，贴生于花被管上部，花柱较长。浆果近球形，熟时橙红色或黑色，种子多粒。

花期 5 ~ 6 月，果期 7 ~ 9 月。

地理分布和生境：黄精属的种类分布全国，相对多见于江南、华东、西南、华南等区域，共 10 余种。德宏地区有 5 种，其中的滇黄精、卷叶黄精（*P. cirrhifolium*）、轮叶黄精（*P. verticillatum*）药用最广。滇黄精分布在海拔低至 500m 的热带山区，但海拔高至 3600m 的山地寒温带也有分布，在德宏分布的海拔均为 560m 以上，多数是在中山 1000m 以上的亚热带常绿阔叶林下，故滇黄精是适宜生长于山地亚热带常绿阔叶林的多年生宿根植物。

资源利用：黄精属的种类能作药用的很多，而且大部分用其根茎，性味相似，属甘、平，均有健脾益气、补肾润肺、养阴生津的功效。滇黄精的根状茎粗壮，含有黏质液、淀粉、糖类（包括黄精多糖、黄精低聚糖），其提取物含有菸酸、醌类成分。

应用黄精作药在临床上治肺结核、平咳无痰、久病津亏口干、倦怠无力、糖尿病、高血压等。外用黄精流浸膏治脚癣。此外，以黄精为主配其他药物成分可治疗肺结核、咯血、冠心病、心绞痛、肺燥咳嗽、百日咳等。

黄精一般作为保健进补全药，已开发出黄精膏、九转黄精丹等中成药，其具有补气润肺、益气滋阴等功效，用于治疗体虚乏力、心悸气短、肺燥干咳、糖尿病等。

开发推广：长期以来，黄精行销全国，以采挖野生为主；自然资源的日趋锐减，促进开展人工种植，开辟增资途径。人工可采用根茎分生和种子繁殖。根茎分生繁殖于早春或晚秋将根状茎挖起，选饱满幼嫩部分折成数段，每段有 3 ~ 4 节，按株行距 15 ~ 20cm 种植，覆土 3 ~ 4cm。种子繁殖，须于播种前将种子沙藏处理，2 个月左右取出，条播，行距 20 ~ 30cm，出苗后，待苗高 5cm 左右，间苗移栽，株距 10cm。

另外，作为商品的滇黄精属甜品（甜黄精），属于甜品的还有德宏地区多见的卷叶黄精。一般认为黄精入药以甜品为宜。具苦味的黄精，如垂叶黄精、轮叶黄精等则不宜作药。当然，这有待进一步研究。有人提出开发利用黄精，还应从抗菌和抗血管硬化的药用价值和药物开展研究。

滇黄精

中药饮片

五十七、卷叶黄精

学名：*Polygonatum cirrhifolium*。

异名：滇钩吻、老虎姜、黄七、Wan gao gan（傣语）、En o la（景颇语）。

科属：百合科 Liliacee，黄精属 *Polygonatum*。

标本来源：瑞丽市金星排罗基地，山地海拔 1550m，花岗岩，褐红壤，谷地人工林，林内栽培。

形态和习性：根状茎肥厚，圆柱状，直径 1～1.5cm，或根状茎连珠状，结节直径 1～2cm。茎高 30～90cm。叶通常每 3～6 枚轮生，很少下部有少数散生的，细条形至条状披针形，少有矩圆状披针形，长 4～9（12）cm，宽 2～8（15）mm，先端拳卷或弯曲成钩状，边常外卷。花序轮生，通常具 2 花，总花梗长 3～10mm，花梗长 3～8mm，俯垂；苞片透明膜质，无脉，长 1～2mm，位于花梗上或基部，或苞片不存在；花被淡紫色，全长 8～11mm，花被筒中部稍狭，裂片长约 2mm；花丝长约 0.8mm，花药长 2～2.5mm；子房长约 2.5mm，花柱长约 2mm。浆果红色或紫红色，直径 8～9mm，具 4～9 粒种子。

花期 5～7 月，果期 9～10 月。

地理分布和生境：产西藏（东部和南部）、云南（西北部，瑞丽、陇川有栽培）、四川、甘肃（东南部）、青海（东部与南部）、宁夏、陕西（南部）。生林下、山坡或草地，海拔 2000～4000m。尼泊尔和印度北部等也有分布。

资源利用：根状茎也作黄精用。

开发推广：参照滇黄瘠，驯化栽培。

花、茎标本

花、茎

根状茎

植株

五十八、地不容

学名：*Stephania epigaea* Lo。

异名：地老瓜、山乌龟、白地胆、抱母鸡、肚拉、金不换、Zhuhan（傣语）、Ba ling（傣语）、Shi nan bo（景颇语）、Nui beng bun（景颇 - 载瓦）。

科属：防己科 Menispermaceae，千金藤属 *Stephania*。

标本来源：瑞丽市金星排罗基地，海拔 1550m，山地河谷花岗岩，砖红壤性红壤立地，人工林内，草质藤本。

形态和习性：多年生草质落叶藤本，全体无毛；多数枝稍肉质，常紫红色，有白霜；缠绕茎紫红色，基茎木质化；块根硕大，扁球状，暗灰褐色，常突露地面生长，似受到土地排挤，故称地不容。叶互生，纸质，干后膜质，扁圆形，长 3～5（8）cm，宽 5～7（9）cm，顶端圆钝，或偶有突尖，基部半圆形，叶背稍被白粉；叶面光滑、全缘；掌状脉向上 3 条，向两侧 5～6 条，纤细；叶柄通常长 4～6cm，有时长达 11cm；盾状着生于叶片近基部的 1～2cm 处。雌雄异株组成单伞形花序，腋生，稍肉质，常紫红色具有白粉；雄花序梗长 1～4cm，有时仅 5mm，多至 10 余小伞形花序簇生；雄花萼 6 枚，常紫色，长 1.5mm，花瓣 3 数；雌花序与雄花序相似，花序梗长 1～3cm；雌花有萼片 1 数，长不及 1mm，花瓣 1～2 数，长也不及 1mm。果梗短，核果，红色，长 6～7mm，背部两侧各有小横肋 16～20 条。

花期春季，果期夏季。

地理分布和生境：千金藤属共有 14 种在德宏州各县市分布，药用种类过半，但以地不容的应用和记载最多，分布也较普遍。多数种类分布于热带和亚热带山地，如云南、贵州、四川、西藏山地海拔 500～2750m 地段。从立地土壤看，以在石灰岩山地、崖边、石缝、山谷、林缘、沟边、湿地、灌木丛等处多见。地不容局限在亚热带山区分布，在滇西南德宏州山地 1200～2500m 地段多见。

资源利用：地不容是千金藤属的 10 余种中药中用途最广的传统中草药药物，具有治疗胃溃疡、抗矽肺、抗结核、抗麻风、抗肿瘤、提升白细胞、促进免疫力功效等多种功能，在临床上对于防治肿瘤化疗和放疗引起的白细胞减少有显著的疗效。

地不容的药用价值集中在其块根上，据分析其块根含有 11 种生物碱，富含千金藤素（Cepharanthine）、轮环藤宁（Cycleanine）、千金藤碱（Stephanine）、

L - 荷包牡丹碱（L-dicentrine）4 种，其他 7 种含量很少。块根的总生物碱含量为 2.2%，地上部分含生物碱 0.4% ~ 0.7%。另外，还含有多种对人体有益的微量元素及维生素等物质，具有强筋壮阳、益气补神的作用。

地不容性味苦、寒，有小毒。在应用和选方时，应特别发挥其镇痛、消炎、理气、清热解毒的作用，如用于头痛、胃痛、痛经、痈肿痛等。云南白药及兽医常用药也常配用其块根。

近年来，选用地不容、芦荟、小兰青、野茶等配方，用现代生物技术配置新型解除毒瘾的生物药品"康复生态液"，已有良好的效果。这是地不容可开发的广阔市场前景。

开发推广：由于地不容的广泛应用，自然资源急剧减少，尚存很少，如何扩繁种植已有试验和生产。主要的栽培方式是种子繁殖。选择石灰岩地段，种子随采随播，要求苗床排水良好，并搭盖 50%的遮阴网棚。种子播后 1 个月出土，再移至营养袋中培育，一年生苗可出圃定植。模拟自然，选择石灰岩的岩穴、缝种植，培土和管理；其藤蔓在岩面、灌草丛上攀附，3 ~ 5 年后便可采挖块根利用。

藤蔓　　　　　　叶

花　　　　　　果

植株　　　　　中药饮片

五十九、大果刺篱木

学名：*Flacourtia ramontchi* L'Hér.。

异名：山李子、木关果、诺红（瑶语）、挪挪果、Nan ze ka xi（景颇语）。

科属：大风子科 Flacourtiaceae，刺篱木属 *Flacourtia*。

标本来源：瑞丽金星石木文化城，海拔 1200m，花岗岩，砖红壤性红壤，山地疏林中或人工栽培。

形态和习性：常绿乔木，高达 20m，发育枝和徒长枝常有刺。单叶互生，边缘有锯齿，革质，上面油质光亮；叶形椭圆，倒卵形，或披针状，多变，长达 10cm，宽至 6cm；侧脉 4～6 对，叶基宽楔或稍圆；叶柄短，托叶早落。总状花序多花，微被短柔毛；单性花，萼片 5～6 数，花瓣缺；雄花有雄蕊多数，花盘由多数圆齿状腺体组成。雌花花盘全缘，子房球形，花柱 6～11，各有 2 浅裂的柱头。核果红色，直径 2～3cm，球形，无纵棱。种子 4～6 粒，稍压扁，胚乳肉质。

花期 4～5 月，果期 8～9 月。

地理分布和生境：大果刺篱木是热带亚洲和非洲的树种。在我国生长分布于云南、贵州、广西的低山、河谷、灌丛、坝子边缘的森林、疏林中。在滇西南德宏州海拔 500～1600m 的山地的季风常绿阔叶林林缘、河谷疏林、灌丛中常有分散生长。伴生树种有羊蹄甲、粗糠柴、樟叶朴、蒲桃、高榕、麻楝等。

资源利用：大果刺篱木的果实似李子，红色，食用。果大甜甘，可以生食，供制蜜饯和果酱；木材坚实，纹理细密，供家具、农具、器具等用；其果实还可加工成果汁、饮料、罐头；种子含油供药用，滋补健胃。在民间药用其种子和果实，主治风湿痹痛、消化不良、霍乱、腹泻、痢疾等疾病，主要化学成分包括木栓酮、3,4,5-三甲氧基苯酚、肌醇、poliothrysoside、原儿茶酸、丁香素、蔗糖和葡萄糖；枝叶可作饲料。另外，农户也栽作绿篱。

大果刺篱木可培养成优良的大径林。木材的边材深黄褐色至浅红褐色，心材浅栗褐色；有光泽，纹理斜，结构细匀，坚重；干缩大，会翘曲；切削易，切面光；油漆后光亮，胶黏性良好，耐腐蚀。适宜车旋、雕刻，制玩具和工艺美术品，也是制造车辆、配制工具柄、农具、地板的良好木材。

　　开发推广:本树种虽然是热带森林树种,但其生长地可以延至河边、旷地、沟箐、灌丛。利用其适应性强的生态特点在非林的河边灌丛、旷地上大力种植,短期内恢复绿化,能取得开发利用效果。

　　繁育用种子育苗。秋季采种,随采随播,幼苗于翌年春夏便可种植。

花　　　　　　　　　　　　　　　果

果枝标本　　　　　　　　　　　枝叶

花枝　　　　　　　　　　　　　果（一）

果（二）

果（三）

植株

六十、李

学名：*Prunus salicina* Lindl.。

异名：山李子、嘉庆子、嘉应子、玉皇李。

科属：蔷薇科 Rosaceae，李属 *Prunus*。

标本来源：瑞丽市庭院栽培。

形态和习性：落叶乔木，高 9 ～ 12m；树冠广圆形，树皮灰褐色，起伏不平；老枝紫褐色或红褐色，无毛；小枝黄红色，无毛；冬芽卵圆形，红紫色，有数枚覆瓦状排列鳞片，通常无毛，稀鳞片边缘有极稀疏毛。叶片长圆倒卵形、长椭圆形，稀长圆卵形，长 6 ～ 8（12）cm，宽 3 ～ 5cm，先端渐尖、急尖或短尾尖，基部楔形，边缘有圆钝重锯齿，常混有单锯齿，幼时齿尖带腺，上面深绿色，有光泽，侧脉 6 ～ 10 对，不达到叶片边缘，与主脉成 45°角，两面均无毛，有时下面沿主脉有稀疏柔毛或脉腋有髯毛；托叶膜质，线形，先端渐尖，边缘有腺，早落；叶柄长 1 ～ 2cm，通常无毛，顶端有 2 个腺体或无，有时在叶片基部边缘有腺体。花通常 3 朵并生；花梗 1 ～ 2cm，通常无毛；花直径 1.5 ～ 2.2cm；萼筒钟状；萼片长圆卵形，长约 5mm，先端急尖或圆钝，边有疏齿，与萼筒近等长，萼筒和萼片外面均无毛，内面在萼筒基部被疏柔毛；花瓣白色，长圆倒卵形，先端啮蚀状，基部楔形，有明显带紫色脉纹，具短爪，着生在萼筒边缘，比萼筒长 2 ～ 3 倍；雄蕊多数，花丝长短不等，排成不规则 2 轮，比花瓣短；雌蕊 1 枚，柱头盘状，花柱比雄蕊稍长。核果球形、卵球形或近圆锥形，直径 3.5 ～ 5cm，栽培品种可达 7cm，黄色或红色，有时为绿色或紫色，梗凹陷入，顶端微尖，基部有纵沟，外被蜡粉；核卵圆形或长圆形，有皱纹。

花期 4 月，果期 7 ～ 8 月。

地理分布和生境：各县市人工栽培，产陕西、甘肃、四川、云南、贵州、湖南、湖北、江苏、浙江、江西、福建、广东、广西和台湾。生于山坡灌丛中、山谷疏林中或水边、沟底、路旁等处。海拔 400 ～ 2600m。

资源利用：我国各省及世界各地均有栽培，为重要温带果树之一。果可食用，树干产胶；种子入药，治疗跌打损伤。果肉中可得天门冬素 0.1%，还含谷酰胺、丝氨酸、甘氨酸、脯氨酸、苏氨酸、丙氨酸、γ-氨基丁酸等氨基酸等。清肝涤热、生津、利水，治虚劳骨蒸、消渴、腹水。

开发推广：选择品种纯正、根系完整、健壮、芽质饱满、无检疫对象和无病虫害的李子苗，一般株行距为2.5m×4m，芽未萌发前栽植。栽培品种不宜单一，应隔一定距离栽植花期一致的不同品种作授粉树，比例为4∶1或8∶1。基肥以迟效农家肥为主，秋施为好，成年李树按每株施农家肥50～100kg。李树在一年中各个物候期都需要一定水分，萌芽前、幼果膨大期、新梢生长期应进行灌溉，入冬前需灌一次封冻水。

花

植株

六十一、台湾银线兰

学名：*Anoectochilus formosanus* Hayata。

异名：花叶开唇兰、金线兰、金草、鸟人参、少年红、金线虎头蕉。

科属：兰科 Orchidaceae，开唇兰属 *Anoectochilus*。

标本来源：瑞丽珍稀植物园，常绿阔叶林下。

形态和习性：植株高 8 ～ 18cm。根状茎匍匐，伸长，肉质，具节，节上生根。茎直立，肉质，圆柱形，具 (2) 3 ～ 4 枚叶。叶片卵圆形或卵形，长 1.3 ～ 3.5cm，宽 0.8 ～ 3cm，上面暗紫色或黑紫色，具金红色带有绢丝光泽的美丽网脉，背面淡紫红色，先端近急尖或稍钝，基部近截形或圆形，骤狭成柄；叶柄长 4 ～ 10mm，基部扩大成抱茎的鞘。总状花序具 2 ～ 6 朵花，长 3 ～ 5cm；花序轴淡红色，和花序梗均被柔毛，花序梗具 2 ～ 3 枚鞘苞片；花苞片淡红色，卵状披针形或披针形，长 6 ～ 9mm，宽 3 ～ 5mm，先端长渐尖，长约为子房长的 2/3；子房长圆柱形，不扭转，被柔毛，连花梗长 1 ～ 1.3cm；花白色或淡红色，不倒置（唇瓣位于上方）；萼片背面被柔毛，中萼片卵形，凹陷呈舟状，长约 6mm，宽 2.5 ～ 3mm，先端渐尖，与花瓣黏合呈兜状；侧萼片张开，偏斜的近长圆形或长圆状椭圆形，长 7 ～ 8mm，宽 2.5 ～ 3mm，先端稍尖；花瓣质地薄，近镰刀状，与中萼片等长；唇瓣长约 12mm，呈 "Y" 字形，基部具圆锥状距，前部扩大并 2 裂，其裂片近长圆形或近楔状长圆形，长约 6mm，宽 1.5 ～ 2mm，全缘，先端钝，中部收狭成长 4 ～ 5 的爪，其两侧各具 6 ～ 8 条长 4 ～ 6mm 的流苏状细裂条，上举指向唇瓣，末端 2 浅裂，内侧在靠近距口处具 2 枚肉质的胼胝体；蕊柱短，长约 2.5mm，前面两侧各具 1 枚宽、片状的附属物；花药卵形，长 4mm；蕊喙直立，叉状 2 裂；柱头 2 个，离生，位于蕊喙基部两侧。

花期 (8) 9 ～ 11 (12) 月。

地理分布和生境：产于浙江、江西、福建、湖南、广东、海南、广西、四川、云南、西藏东南部（墨脱）。生于德宏州海拔 600 ～ 1800m 的常绿阔叶林下或沟谷阴湿处。日本、泰国、老挝、越南、印度（阿萨姆至西姆拉）、不丹至尼泊尔、孟加拉国也有分布。

资源利用：本变种全草民间作药用。含糖类成分（多糖 13.326%，低聚糖 11.243%，还原糖 9.73%）、牛磺酸、强心甙类、酯类、生物碱、甾体、多种氨基酸、微量元素及无机元素等。成分中氨基酸和微量元素两者的含量均高于国产西洋参和野山参，具有保肝、抗 HBV、抑制 LDL 氧化、清除氧自由基、降血压、强心、降血糖、抗癌、镇痛、抗炎、镇静、改善骨质疏松等作用。

开发推广：台湾银线兰的人工栽培现主要采用大棚栽培。建造大棚应根据台湾银线兰的生长要求，选择在有林有水的山沟，以保证阴凉，有水灌溉，冬季避

植株（一）

风保暖，减少散热，保持湿度，且交通便利。人工组培苗常年均可栽植，每平方米用专用方盘栽种 300 棵，栽植宜浅忌深，栽后覆盖干净干燥的栽培介质，喷洒清水，棚内温度保持 20 ～ 30℃，并注意保湿。

植株（二）

六十二、萼翅藤

学名：*Calycopteris floribunda* (Roxb.) Lam.。

异名：无。

科属：使君子科 Combretaceae，萼翅藤属 *Calycopteris*。

标本来源：畹町镇弄弄村珍稀药用植物园，海拔 894m，人工种植，伴生植物有木奶果、糖胶树。

形态和习性：披散蔓生藤本，高 5 ～ 10m 或更高，枝纤细，径约 5mm，密被柔毛。叶对生，叶片革质，卵形或椭圆形，长 5 ～ 12cm，宽 3 ～ 6cm，先端钝圆或渐尖，基部钝圆，叶面绿色，被柔毛或无毛，主脉及侧脉上被毛，背面密被鳞片及柔毛，侧脉 5 ～ 8（10）对，连同网脉在两面明显；叶柄长（8）10 ～ 12mm，密被柔毛。总状花序，腋生和聚生于枝的顶端，形成大型聚伞花序，长 5 ～ 15cm，花序轴被柔毛，苞片浅绿色，脱落；花小，两性；苞片卵形或椭圆形，长 2 ～ 3mm，密被柔毛；花萼杯状，外面被柔毛，长 5 ～ 7mm，5 裂，裂片三角形，长 2 ～ 3mm，直立，两面密被柔毛，外面疏具鳞片；花瓣缺；雄蕊 10 枚，2 轮列，5 枚与花萼对生，5 枚生于萼裂之间，花丝长 2 ～ 3mm，无毛；花药 2 室；子房长 3 ～ 4mm，1室，胚珠 3，悬垂。假翅果，长约 8mm，被柔毛，5 棱，萼裂 5，增大，翅状，长10 ～ 14mm，被毛；种子 1 粒，长 5 ～ 6mm。

花期 3 ～ 4 月，果期 5 ～ 6 月。

地理分布和生境：国家一级保护植物，产云南盈江（那邦）。在海拔 300 ～ 600m 的季雨林中或林缘常见。分布于越南、老挝、柬埔寨、马来西亚（槟榔屿）、缅甸、泰国、孟加拉和印度（德干高原）。

资源利用：萼翅藤含有黄酮类化合物、挥发油、多糖等多种化学成分，在植物源农药、医药、兽药、食品添加剂等方面有着良好的开发前景。在柬埔寨，叶用作强壮药和去毒药，为妇女分娩后 15d 内作茶的饮料，也用作裹烟的叶子；果用作兴奋剂。

开发推广：播前种子最好进行丸衣化处理。按种子 500kg、包衣材料 150kg、黏合剂 1.5kg、水 75kg、酸铵 1.5kg 的配方进行，使种子在苗期不受病虫害、杂草等的危害。播种时间以秋播最好，播种期为 8 月 10 日 ～ 9 月 10 日。以条播为主，行距 30cm。播种量一般为 1kg/ 亩，采种田要少些，盐碱地可适当多些，播种最佳深度为 0.5 ～ 1cm。

叶

枝叶

花（一）

花（二）

植株

六十三、柠檬

学名：*Citrus limon*（L.）Burm.f.。

异名：洋柠檬、西柠檬、柠果、益母果、Ma pa（傣语）、Lei ke xi（景颇语）、Qing tui shi（景颇 - 载瓦）。

科属：芸香科 Rutaceae，柑橘属 *Citrus*。

标本来源：瑞丽农场、德宏州林业科学研究所。

形态和习性：小乔木。枝少刺或近于无刺，嫩叶及花芽暗紫红色，翼叶宽或狭，或仅具痕迹，叶片厚纸质，卵形或椭圆形，长 8 ～ 14cm，宽 4 ～ 6cm，顶部通常短尖，边缘有明显钝裂齿。单花腋生或少花簇生；花萼杯状，4 ～ 5 浅齿裂；花瓣长 1.5 ～ 2cm，外面淡紫红色，内面白色；常有单性花，即雄蕊发育，雌蕊退化；雄蕊 20 ～ 25 枚或更多；子房近筒状或桶状，顶部略狭，柱头头状。果椭圆形或卵形，两端狭，顶部通常较狭长并有乳头状突尖，果皮厚，通常粗糙，柠檬黄色，难剥离，富含柠檬香气的油点，瓢囊 8 ～ 11 瓣，汁胞淡黄色，果汁酸至甚酸，种子小，卵形，端尖；种皮平滑，子叶乳白色，通常单或兼有多胚。

花期 4 ～ 5 月，果期 9 ～ 11 月。

地理分布和生境：瑞丽、陇川、盈江均作为产业发展，引种栽培；产长江以南。

资源利用：柠檬是世界上较有药用价值的水果之一，它富含维生素 C、糖类、钙、磷、铁、维生素 B_1、维生素 B_2、烟酸、奎宁酸、柠檬酸、苹果酸、橙皮苷、柚皮苷、香豆精、高量钾元素和低量钠元素等，对人体十分有益。维生素 C 能维持人体各种组织和细胞间质的生成，并保持它们正常的生理机能。人体内的母质、黏合和成胶质等，都需要维生素 C 来保护。当维生素 C 缺少时，细胞之间的间质——胶状物也就随之变少。这样，细胞组织就会变脆，失去抵抗外力的能力，人体就容易出现坏血症。它还有更多用途，如预防感冒、刺激造血和抗癌等作用。

开发推广：宜选土质疏松、肥沃、排水良好的地块建园。于秋、冬季按株行距 3m×4m 种植，每亩约栽 56 株，丘陵山地可挖深、宽各 0.8m 的圆形大穴；低地种植可浅些。每穴放入土杂肥、堆肥 50kg，石灰 0.5kg，混入过磷酸钙 0.5kg，与表土混合施入坑内，最上层放充分腐熟的猪牛栏肥 5 ～ 10kg，填回坑时，要高出地表 20 ～ 30m，整成 0.8m 的树盘。在雨水分布均匀的地区，或水利条件好、灌溉方便的园地，一年四季都可以栽植。一般柠檬定植期，分春植（2 ～ 3 月）和秋植

（9～10 月），选阴天定植，淋足定根水后盖草保湿，以后视天气情况经常浇水，保持土壤湿润。

花、枝叶标本

花

果枝

果

植株

生境

六十四、小粒咖啡

学名：*Coffea arabica* L.。

异名：Ma ga pi（傣语）、Ga pi ge zhi（景颇语）、Ga pi zai（景颇 - 载瓦）。

科属：茜草科 Rubiaceae，咖啡属 *Coffea*。

标本来源：各县市栽培。

形态和习性：小乔木或大灌木，高 5 ～ 8m，基部通常多分枝；老枝灰白色，节膨大，幼枝无毛，压扁形。叶薄革质，卵状披针形或披针形，长 6 ～ 14cm，宽 3.5 ～ 5cm，顶端长渐尖，渐尖部分长 10 ～ 15mm，基部楔形或微钝，罕有圆形，全缘或呈浅波形，两面无毛，下面脉腋内有或无小窝孔；中脉在叶片两面均凸起，侧脉每边 7 ～ 13 条；叶柄长 8 ～ 15mm；托叶阔三角形，生于幼枝上部的顶端锥状长尖或芒尖，生于老枝上的顶端常为突尖，长 3 ～ 6mm。聚伞花序数个簇生于叶腋内，每个花序有花 2 ～ 5 朵，无总花梗或具极短总花梗；花芳香，有长 0.5 ～ 1mm 的花梗；苞片基部多少合生，二型，其中 2 枚阔三角形，长和宽近相等，另 2 枚披针形，长为宽的 2 倍，叶形；萼管管形，长 2.5 ～ 3mm，萼檐截平或具 5 小齿；花冠白色，长度因品种而异，一般长 10 ～ 18mm，顶部常 5 裂，罕有 4 或 6 裂，裂片常长于花冠管，顶端常钝；花药伸出冠管外，长 6 ～ 8mm；花柱长 12 ～ 14mm，柱头 2 裂，长 3 ～ 4mm。浆果成熟时阔椭圆形，红

果枝标本

花序枝

色，长 12 ～ 16mm，直径 10 ～ 12mm，外果皮硬膜质，中果皮肉质，有甜味；种子背面凸起，腹面平坦，有纵槽，长 8 ～ 10mm，直径 5 ～ 7mm。

花期 3 ～ 4 月。

地理分布和生境：福建、台湾、广东、海南、广西、四川、贵州和云南有栽培，德宏州各县市均有栽培。原产埃塞俄比亚或阿拉伯半岛。

资源利用：种子含咖啡因、蛋白质、脂肪、粗纤维及多种维生素、矿物质等，适量的咖啡因对人体脑部、心脏、血管、胃肠、肌肉及肾脏等各部位具有刺激、兴奋作用，能提高新陈代谢机能、减轻肌肉疲劳，可作麻醉剂、利尿剂、兴奋剂和强心剂，外果皮及果肉可制酒精或作饲料。

果序枝

植株

开发推广：小粒咖啡于 3 ～ 7 月播种育苗，当苗高 ≥ 30cm 时定植，定植密度每公顷 5000 ～ 6000 株。底肥、基肥以有机肥和矿物源肥料为主。每公顷施有机肥不少于 30t。幼龄咖啡园在雨季应每月除草 1 次，成龄咖啡园可以 2 ～ 3 个月除草 1 次。做好咖啡园内或根圈内的覆盖工作，覆盖厚度以 10 ～ 15cm 为宜。深翻施肥，深度 40 ～ 50cm，长度 60 ～ 80cm，宽度 40 ～ 50cm，每年进行一次。最好在深翻穴的底层压入绿肥 10 ～ 15kg，分两层压下。

六十五、鳄梨

学名：*Persea americana* Mill.。

异名：油梨、樟梨、牛油果、酪梨、Ma tuo ba（傣语）。

科属：樟科 Lauraceae，鳄梨属 *Persea*。

标本来源：德宏州林业科学研究所庭院栽培。

形态和习性：常绿乔木，高约10m；树皮灰绿色，纵裂。叶互生，长椭圆形、椭圆形、卵形或倒卵形，长8～20cm，宽5～12cm，先端急尖，基部楔形、急尖至近圆形，革质，上面绿色，下面通常稍苍白色，幼时上面疏被下面极密被黄褐色短柔毛，老时上面变无毛下面疏被微柔毛，羽状脉，中脉在上面下部凹陷上部平坦，下面明显凸出，侧脉每边5～7条，在上面微隆起下面却十分凸出，横脉及细脉在上面明显下面凸出；叶柄长2～5cm，腹面略具沟槽，略被短柔毛。聚伞状圆锥花序长8～14cm，多数生于小枝的下部，具梗，总梗长4.5～7cm，与各级序轴被黄褐色短柔毛；苞片及小苞片线形，长约2mm，密被黄褐色短柔毛。花淡绿带黄色，长5～6mm，花梗长达6mm，密被黄褐色短柔毛。花被两面密被黄褐色短柔毛，花被筒倒锥形，长约1mm，花被裂片6，长圆形，长4～5mm，先端钝，外轮3枚略小，均花后增厚而早落。能育雄蕊9枚，长约4mm，花丝丝状，扁平，密被疏柔毛，花药长圆形，先端钝，4室，第一、二轮雄蕊花丝无腺体，花药药室内向，第三轮雄蕊花丝基部有一对扁平橙色卵形腺体，花药药室外向。退化雄蕊3枚，位于最内轮，箭头状心形，长约0.6mm，无毛，具柄，柄长约1.4mm，被疏柔毛。子房卵球形，长约1.5mm，密被疏柔毛，花柱长2.5mm，密被疏柔毛，柱头略增大，盘状。果大，通常梨形，有时卵形或球形，长8～18cm，黄绿色或红棕色，外果皮木栓质，中果皮肉质，可食。

花期2～3月，果期8～9月。

地理分布和生境：瑞丽少量引种栽培，原产热带美洲；我国广东（广州、汕头、海口）、福建（福州、漳州）、台湾、云南（西双版纳）及四川（西昌）等地都有少量栽培。菲律宾和俄罗斯南部、欧洲中部等地也有栽培。

资源利用：果实为一种营养价值很高的水果，含多种维生素、丰富的脂肪和蛋白质，钠、钾、镁、钙等含量也高，除作生果食用外也可作菜肴和罐头；果仁含脂肪油，为非干性油，有温和的香气，比重为0.9132，皂化值为192.6，碘值为

94.4，非皂化物为 1.6%，可供食用、医药和化妆工业用。鳄梨脂肪含量很高，其含有大量的酶，有健胃清肠的作用，并具有降低胆固醇和血脂、保护心血管和肝脏系统等重要生理功能。

开发推广：多用种子繁殖，也可用嫁接繁殖，播种时要剥去种皮在沙床催芽，选择土层深厚、排水良好、避风之地种植，株行距以 5m×（6 ～ 7）m 较适宜，品种混栽可保证授粉。嫁接最好用容器育苗，苗径粗 0.8 ～ 1cm 便可嫁接，多用芽接或腹接法，苗高 50 ～ 60cm 可定植，栽植株行距 5 ～ 6m。

叶标本

枝叶

果

植株

六十六、守宫木

学名：*Sauropus androgynus* (L.) Merr.。

异名：同序守宫木、树仔菜、越南菜、帕汪、甜菜、五指山野菜、天绿香、甜菜树、树豌豆、Pa wa（傣语）、Le nan pun（景颇语）、Sin wan du（景颇 - 载瓦）。

科属：大戟科 Euphorbiaceae，守宫木属 *Sauropus*。

标本来源：瑞丽珍稀植物园，栽培。

形态和习性：灌木，高 1 ~ 3m；小枝绿色，长而细，幼时上部具棱，老渐圆柱状；全株均无毛。叶片近膜质或薄纸质，卵状披针形、长圆状披针形或披针形，长 3 ~ 10cm，宽 1.5 ~ 3.5cm，顶端渐尖，基部楔形、圆或截形；侧脉每边 5 ~ 7 条，上面扁平，下面凸起，网脉不明显；叶柄长 2 ~ 4mm；托叶 2，着生于叶柄基部两侧，长三角形或线状披针形，长 1.5 ~ 3mm。雄花：1 ~ 2 朵腋生，或几朵与雌花簇生于叶腋，直径 2 ~ 10mm；花梗纤细，长 5 ~ 7.5mm；花盘浅盘状，直径 5 ~ 12mm，6 浅裂，裂片倒卵形，覆瓦状排列，无退化雌蕊；雄花 3，花丝合生呈短柱状，花药外向，2 室，纵裂；花盘腺体 6，与萼片对生，上部向内弯而将花药包围；雌花：通常单生于叶腋；花梗长 6 ~ 8mm；花萼 6 深裂，裂片红色，倒卵形或倒卵状三角形，长 5 ~ 6mm，宽 3 ~ 5.5mm，顶端钝或圆，基部渐狭而成短爪，覆瓦状排列；无花盘；雌蕊扁球状，直径约 1.5mm，高约 0.7mm，子房 3 室，每室 2 颗胚珠，花柱 3，顶端 2 裂。蒴果扁球状或圆球状，直径约 1.7cm，高 1.2cm，乳白色，宿存花萼红色；果梗长 5 ~ 10mm；种子三棱状，长约 7mm，宽约 5mm，黑色。

花期 4 ~ 7 月，果期 7 ~ 12 月。

地理分布和生境：海南、广东（高要、揭阳、饶平、佛山、中山、新会、珠海、深圳、信宜、广州）和云南（芒市、盈江、瑞丽、河口、西双版纳等地）均有栽培。分布于印度、斯里兰卡、老挝、柬埔寨、越南、菲律宾、印度尼西亚和马来西亚等。

资源利用：嫩枝和嫩叶可作蔬菜食用，根可以入药。守宫木是近年来发展起来的高级蔬菜，营养价值很高，每 100g 中含有蛋白质 6.8mg、碳水化合物 11.6mg、粗纤维 2.5mg、维生素 B_2 0.18mg、维生素 C 180mg、胡萝卜素 4.94mg/100gfw、钙 441mg、镁 61mg、铁 28mg。一些东南亚国家将守宫木作为绿篱栽培，既美化了环境，同时通过修剪嫩枝控制株高，又得到了新鲜的蔬菜。

开发推广：育苗一般都采用扦插繁殖方式进行，宜选择 3 ～ 6 月或 10 ～ 11 月进行扦插繁殖。扦插时，从母株上选择茎粗 0.4 ～ 0.6cm、生长健壮的当年枝条。截插条成 10 ～ 12cm，去掉叶片或仅留顶部 1 ～ 2 片叶，插入育苗床中。扦插深度 5cm 左右，株行距 (6 ～ 8) cm×(6 ～ 8)cm。床土可选用细沙或砂壤土。浇足底水，高温季节，要扣小拱棚，覆盖遮阳网，以利保温保湿。育苗期应经常浇水，以保持床土湿润。当棚内温度超过 30℃时，侧面通风，降温。经 15 ～ 20d，当插条生根后，移出定植。在多雨地区宜采用高畦栽培或排水良好的地块进行栽培。畦高 20 ～ 30cm，宽 100 ～ 200cm。定植株行距 (30 ～ 40) cm×40cm。定植前，在整地的同时，施腐熟有机肥 3 ～ 5kg/m²、过磷酸钙 30 ～ 40g/m²，肥与土混拌均匀。缓苗后追施稀粪 (1∶8 ～ 10) 1 次，以后，每隔 10 ～ 15d，追施稀粪 1 次。每次收获后，都要追肥 1 次。定植时水要浇足，以后根据天气状况和植株生长时期确定浇水量与浇水次数。定植后，植株尚小，要注意防止草荒，以免影响植株生长。为了促进发根，缓苗后浅松土 1 次，松土深度 3 ～ 5cm，靠近苗木的杂草用手拔除。

枝叶标本

蔬菜产品

叶

六十七、刺花椒

学名：*Zanthoxylum acanthopodium* DC.。

异名：岩花椒、岩椒、拘椒、野花椒、臭椒、Maga（傣语）、Zha beng（景颇语）、Zhangshi（藏语）。

科属：芸香科 Rutaceae，花椒属 *Zanthoxylum*。

标本来源：瑞丽珍稀植物园栽培。

形态和习性：高达 4m 的小乔木；树皮灰黑色，枝有锐刺，刺基部扁而宽，当年生枝被微柔毛或褐锈色短柔毛。叶有小叶 3 ~ 9 片，偶有单小叶，翼叶明显；少有仅具痕迹；小叶对生，无柄，纸质，卵状椭圆形或披针形，长 6 ~ 10cm，宽 2 ~ 4cm，叶缘有疏离细裂齿，齿缝处有 1 油点，其余油点不显，稀全缘，两面无毛或被褐锈色短柔毛。花序自去年生或老枝的叶腋间抽出，雄花序稀长达 3cm，雌花序更短；花被片 6 ~ 8 片，淡黄绿色，狭披针形，长约 1.5mm；雄蕊 5 枚，花丝紫红色，长达 3mm；退化雌蕊半圆形垫状；雌花有心皮 2 ~ 3 个，心皮背面顶侧有 1 油点，花柱约与子房等长，分离，外弯。果序围生于枝干上，果紫红色，油点大，凸起，单个分果瓣径约 4mm；种子直径约 3mm。

花期 4 ~ 5 月，果期 9 ~ 10 月。也有花果同挂于枝上的。

地理分布和生境：产云南南部，德宏州各县市均有分布；尼泊尔、印度及缅甸北部也有分布。通常生于海拔 850 ~ 2000m 的山地疏林及灌丛中。

资源利用：刺花椒茎皮中含木脂素类化合物、刺花椒毒素及坡刀毒素，另外含有芝麻明、甲基胡椒脑、表桉叶明。具有温中散寒、止痛、杀虫作用，可避孕。主治胃痛、风湿关节痛、虫积腹痛。

开发推广：多在秋季播种。播种前将种子浸在 1% ~ 2% 纯碱中 48h，再将种子与细沙混合并搓洗种皮，直到种皮发白为宜。然后按照一层种子一层细沙放入 50cm×50cm×50cm 的池子或箩筐内，置于室内，注意喷水保湿，经 35 ~ 45d 的沙藏催芽，30% 的种子开始吐白时即可播种。春播也可用此法。选择地势平坦、背风向阳、水源充足、排水良好、土壤疏松和肥沃的地块作为育苗地。苗床建成东西向的高床，床宽 1.0 ~ 1.5m，长度依地形而定，步道 30cm；同时施足基肥。播种可用条播，在苗床上挖行距 20cm 的沟，沟深 5cm，将种子均匀撒入沟内，覆土 1.0 ～ 37.5cm，播种量为 75kg/hm² 左右。浇水后盖上高 30cm 的拱膜，以增高土温、防鼠害。播种后要注意水分的管理，保持苗床的湿润。出苗后要适当控制浇水的次数和水量，并打开薄膜进行炼苗；下午盖膜，防止低温伤害。同时进行松土、除草，并用 0.1% 尿素和磷酸二氢钾交替喷洒进行叶面施肥，一般 10d 喷 1 次。出苗后 30d 左右可移苗到营养袋内继续培育。栽植时根据花椒的生物学及生态学特性，选择缓坡山地、向阳背风、温暖湿润、土层深厚的地方。株行距 4m×5m 或 3m×4m，定植 495 ～ 840 株 /hm²。

枝叶标本

枝叶

花

植树

六十八、刺五加

学名：*Acanthopanax senticosus* (Rupr. Maxim.) Harms。

异名：坎拐棒子、一百针、老虎潦、刺拐棒、五加参、俄国参、西伯利亚人参、Hong jian（傣语）。

科属：五加科 Araliaceae，五加属 *Acanthopanax*。

标本来源：瑞丽珍稀植物园栽培。

形态和习性：灌木，高 1～6m；分枝多，一、二年生的通常密生刺，稀仅节上生刺或无刺；刺直而细长，针状，下向，基部不膨大，脱落后遗留圆形刺痕，叶有小叶 5，稀 3；叶柄常疏生细刺，长 3～10cm；小叶片纸质，椭圆状倒卵形或长圆形，长 5～13cm，宽 3～7cm，先端渐尖，基部阔楔形，上面粗糙，深绿色，脉上有粗毛，下面淡绿色，脉上有短柔毛，边缘有锐利重锯齿，侧脉 6～7 对，两面明显，网脉不明显；小叶柄长 0.5～2.5cm，有棕色短柔毛，有时有细刺。伞形花序单个顶生，或 2～6 个组成稀疏的圆锥花序，直径 2～4cm，有花多数；总花梗长 5～7cm，无毛，花梗长 1～2cm，无毛或基部略有毛；花紫黄色，萼无毛，边缘近全缘或有不明显的 5 小齿；花瓣 5 数，卵形，长 2mm；雄蕊 5 枚，长 1.5～2mm；子房 5 室，花柱全部合生成柱状。果实球形或卵球形，有 5 棱，黑色，直径 7～8mm，宿存花柱长 1.5～1.8mm。

花期 6～7 月，果期 8～10 月。

地理分布和生境：芒市、瑞丽、陇川生于林下，也有栽培；也分布于黑龙江（小兴安岭、伊春市带岭）、吉林（吉林市、通化、安图、长白山）、辽宁（沈阳）、河北（雾灵山、承德、百花山、小五台山、内丘）和山西（霍县、中阳、兴县），生于森林或灌丛中，海拔数百米至 2000m。朝鲜、日本和俄罗斯也有分布。

资源利用：主要成分为多种糖类、氨基酸、脂肪酸、维生素 A、维生素 B_1、维生素 B_2 及多量的胡萝卜素，另含有芝麻脂素、甾醇、香豆精、黄酮、木栓酮、非芳香性不饱和有机酸及多种微量矿物质等。本种根皮也可代"五加皮"，供药用；种子可榨油，制肥皂用。属于补气药，具有补虚扶弱的功效，可用来预防或治疗体质虚弱之症候，滋补强壮，延年益寿。

开发推广：用种子、扦插及分株繁殖。种子繁殖：9～10 月采收成熟果实，浸泡1～2d，搓去果皮，混拌2倍湿沙，在20℃左右温度下催芽，每隔7～10d翻动1次，约3个月。待种子有50%左右裂口时，放在2℃以下低温处储藏，于翌年4月中旬，按8cm×8cm等距播种，每穴2～3粒种子，覆土2cm左右，盖3～5cm厚树叶。5月出苗，除去覆盖物，浇水保持湿润，生长2年后移栽。扦插繁殖：在6月中下旬剪取半木质化嫩枝，留一片掌状复叶或将叶片剪去一半，将插条在1×10⁻³mg/L吲哚丁酸溶液中蘸一下，促进生根。插床上覆盖薄膜和拉遮阴网，每日浇水1～2次，20d左右生根，去掉薄膜，生长1年后移栽，按行株距2m×2m挖穴定植。分株繁殖：早春将分蘖株剪下，挖穴定植。

标本

枝叶

植株

中药饮片

六十九、木薯

学名：*Manihot esculenta* Crantz。

异名：南洋薯、木番薯、树薯、Liu jing ho（傣语）、Ke dong nai（景颇语）、Le bang miu（景颇 - 载瓦）。

科属：大戟科 Euphorbiaceae，木薯属 *Manihot*。

标本来源：各县市均有栽培。

形态和习性：直立灌木，高 1.5 ~ 3m；块根圆柱状。叶纸质，轮廓近圆形，长 10 ~ 20cm，掌状深裂几达基部，裂片 3 ~ 7，倒披针形至狭椭圆形，长 8 ~ 18cm，宽 1.5 ~ 4cm，顶端渐尖，全缘，侧脉（5）7 ~ 15 条；叶柄长 8 ~ 22cm，稍盾状着生，具不明显细棱，托叶三角状披针形，长 5 ~ 7mm，全缘或具 1 ~ 2 条刚毛状细裂。圆锥花序顶生或腋生，长 5 ~ 8cm，苞片条状披针形；花萼带紫红色且有白粉霜；雄花：花萼长约 7mm，裂片长卵形，近等大，长 3 ~ 4mm，宽 2.5mm，内面被毛；雄蕊长 6 ~ 7mm，花药顶部被白色短毛；雌花：花萼长约 10mm，裂片长圆状披针形，长约 8mm，宽约 3mm；子房卵形，具 6 条纵棱，柱头外弯，折扇状。蒴果椭圆状，长 1.5 ~ 1.8cm，直径 1 ~ 1.5cm，表面粗糙，具 6 条狭而波状纵翅；种子长约 1cm，多少具三棱，种皮硬壳质，具斑纹，光滑。

花期 9 ~ 11 月。

地理分布和生境：全世界热带地区广泛栽培，原产巴西。我国福建、台湾、广东、海南、广西、贵州及云南等省区有栽培，偶有逸为野生。

资源利用：木薯的主要用途是食用、饲用和工业上开发利用。块根富含淀粉，是工业淀粉原料之一。世界上木薯全部产量的 65% 用于人类食物，是热带湿地低收入农户的主要食用作物。作为生产饲料的原料，木薯粗粉、叶片是一种高能量的饲料成分。在发酵工业上，木薯淀粉或干片可制酒精、柠檬酸、谷氨酸、赖氨酸、木薯蛋白质、葡萄糖、果糖等，这些产品在食品、饮料、医药、纺织（染布）、造纸等方面均有重要用途。在中国主要用作饲料和提取淀粉。

开发推广：在种植木薯前一个月，先把地翻犁晒白，让土壤充分风化。种时每亩施入与禽畜粪便堆沤腐熟的磷肥 250 ~ 300kg 作基肥。选择结薯多、毒性少、产量高的品种，并选取茎粗节密、无病虫、无损伤的中、下部的茎作种茎。种植前截取 33cm 长的种苗，下端切削斜口 3 ~ 6cm，呈鸭嘴状。在斜口以上的种茎两侧，每隔 2 个节互行段切种茎皮，断离形成层 2 ~ 3 处，切口宽为种茎周长的 1/4，长 2 cm，从而使斜口和断离形成层处长根结薯多。下种时，采取控制腋芽定节生长的方法，除把种茎顶端留 3 个节位的腋芽外，其余各节位的腋芽均除掉，并改斜插为水平插，这样可控制长出一条理想健壮的植株主干。分期定向施肥，秋季松土重施肥，以使木薯深秋不落叶，延长生长期，使木薯长得快而长，表皮光滑，品质好，产量高。

标本

叶

块根

植株

生境

七十、龙舌兰

学名：*Agave americana* L.。

异名：龙舌掌、番麻、世纪树。

科属：龙舌兰科 Agavaceae，龙舌兰属 *Agave*。

标本来源：陇川、盈江、瑞丽道路边引种栽培。

形态和习性：多年生植物。叶呈莲座式排列，通常 30 ~ 40 枚，有时 50 ~ 60 枚，大型，肉质，倒披针状线形，长 1 ~ 2m，中部宽 15 ~ 20cm，基部宽 10 ~ 12cm，叶缘具有疏刺，顶端有 1 硬尖刺，刺暗褐色，长 1.5 ~ 2.5cm。大型圆锥花序，长达 6 ~ 12m，多分枝；花黄绿色；花被管长约 1.2cm，花被裂片长 2.5 ~ 3cm；雄蕊长约为花被的 2 倍。蒴果长圆形，长约 5cm。开花后花序上生成的珠芽极少。

地理分布和生境：原产墨西哥，德宏各县市常作围栏或盆栽观赏；我国华南及西南各省区常引种栽培，在云南已逸生多年，且目前在红河、怒江、金沙江等的干热河谷地区以至昆明均能正常开花结实。

资源利用：叶含多种甾体皂贰，从水解物中得到海柯皂贰元、9-去氢海柯皂贰元、绿莲皂贰元、曼诺皂贰元、替告皂贰元、芰脱皂贰元、洛柯皂贰元、12- 表洛柯皂贰元等甾体皂贰元。种子中分出新替告皂贰元、海柯皂贰元和卡茂皂贰元。花中分出绿莲皂贰元（0.5%）、山柰酚 3-葡萄糖贰（黄芪贰）和山柰酚 3- 芦丁糖贰（芸香贰）。叶纤维供制船缆、绳索、麻袋等，但其纤维的产量和质量均不及剑麻；又总甾体皂苷元含量较高，是生产甾体激素药物的重要原料；温室常盆栽供观赏。

开发推广：对土壤要求不太严格，但以疏松、肥沃、排水良好的壤土为好。盆栽时通常以腐叶土加粗沙混合，生长季节两周施一次稀薄肥水。夏季可大量浇水，但排水应好。入秋后应少浇水，盆土以保持稍干燥为宜。每年 4 月换盆。应小心抖去根间老土，切去死根，用疏松透水的盆栽土上盆，盆底铺一层碎瓦片。开始几周应少浇水，以后逐渐增加。常用分株繁殖方法，通常结合换盆时进行，即在 4 月把母株周围的分蘖芽分开，另行栽植，栽后的幼株放在半阴处，成活后再移至光线充足的地方。

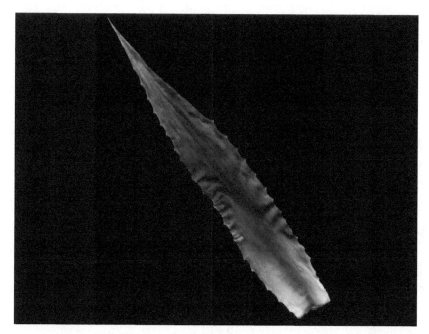

叶标本

植株

七十一、珠芽磨芋

学名：*Amorphophallus bulbifer*。

异名：Song lang la（景颇语）、Gui miao bie（景颇 - 载瓦）。

科属：天南星科 Araceae，磨芋属 *Amorphophallus*。

标本来源：芒市、瑞丽、盈江、陇川，生于海拔 350 ~ 900m 林下。

形态和习性：块茎近球形，直径 5 ~ 8cm，密生肉质根及纤维状分枝须根。叶柄长可达 1m，粗 1.5 ~ 3cm，光滑，污黄色或榄绿色，饰以不规则的、有时汇合的苍白色斑块或线纹；叶片绿色，背面淡绿色，3 裂，在叶柄的顶头有珠芽 1 枚；珠芽球形，暗紫色，直径 0.5 ~ 1cm；Ⅰ次裂片具长 2 ~ 3cm 的柄，长 20 ~ 30cm，分叉；Ⅱ次裂片羽状分裂，稀 2 次羽裂；下部的小裂片长 4 ~ 6cm，宽 3 ~ 4cm，卵形，上部的小裂片长 10 ~ 12cm，宽 6 ~ 7cm，长圆披针形，均长渐尖，基部宽楔形，外侧下延，幼株Ⅰ次裂片 1 ~ 2 次分叉，小裂片长圆形，长 10 ~ 13cm，宽 3 ~ 5cm，骤狭具尾尖；各小裂片Ⅰ、Ⅱ级侧脉干时表面下凹，背面稍隆起，弧曲，近边缘连接为集合脉；Ⅲ级侧脉纤细，其间布以极细微的网脉。花序柄长 25 ~ 30cm，粗 0.5 ~ 1.5cm，亮褐色，具灰色斑块。佛焰苞倒钟状，干时膜质，长 12.5 ~ 15cm，展开宽 10cm，外面粉红带绿色；内面基部红色，先端黄绿色；檐部卵形，锐尖，具极多数纵脉。肉穗花序略长于佛焰苞：雌花序长 1.5 ~ 2cm，粗 1.25cm，淡白绿色，雄花序长 2.5cm，粗 1.5cm，苍白色至黄色；附属器长 5 ~ 8cm，粗 2 ~ 2.5cm，圆锥形，绿色。雄蕊倒卵圆形，药室顶孔开裂。子房扁球形，柱头无柄，宽盘状。

花期 5 月。

地理分布和生境：产云南西双版纳、江城、绿春，海拔 300 ~ 850m，生于沟谷雨林中。也分布于锡金、孟加拉国、印度、缅甸，海拔可达 1500m。

资源利用：珠芽磨芋中葡甘聚糖的含量比花芋高，大约 7t 鲜芋可烤制 1t 干片。干片的出粉率可达 75% 以上，远高于花魔芋出粉率（50% ~ 60%）。珠芽磨芋与目前国内主要栽培的花魔芋和白魔芋相比有三大优势，植株高大、高产、优质，繁殖系数高，适应高温高湿环境、有较强抗病性，有望成为我国魔芋产业新的种质资源。

　　开发推广：播种前用 10 ～ 20mg/kg 的赤霉素溶液浸种 0.5 ～ 1h，捞出晾干后播种。适当稀播，一般小块茎亩植 3000 株左右，亩投种芋 300 ～ 450kg；气生"珠芽"每亩播 5000 ～ 8000 株，亩投种芋 30 ～ 40kg。选择在土层深厚、肥力较高的田块，并按照亩用农家肥 7500kg、魔芋专用肥 50 ～ 75kg 的标准施足底肥。播种沟要根据种芋大小略起深一些，保证种芋上盖土 10 ～ 12cm，起到抗旱保墒的作用。播种后，土壤墒情充足时盖膜，垄边用细土压紧、密封，避免大风掀膜。魔芋出苗期，及时破膜放苗，防止高温灼苗。出苗后，平均每月可发出一片叶，应做到发一片叶追一次肥。

植株

七十二、郁金

学名：*Curcuma aromatica* Salisb.。

异名：川郁金、广郁金、马述、姜黄、Mo hao luan（傣语）。

科属：姜科 Zingiberaceae，姜黄属 *Curcuma*。

标本来源：各县市生于海拔 360 ~ 1900m 的荒地、林下。

形态和习性：株高约 1m；根茎肉质，肥大，椭圆形或长椭圆形，黄色，芳香；根端膨大呈纺锤状。叶基生，叶片长圆形，长 30 ~ 60cm，宽 10 ~ 20cm，顶端具细尾尖，基部渐狭，叶面无毛，叶背被短柔毛；叶柄约与叶片等长。花葶单独由根茎抽出，与叶同时发出或先叶而出，穗状花序圆柱形，长约 15cm，直径约 8cm，有花的苞片淡绿色，卵形，长 4 ~ 5cm，上部无花的苞片较狭，长圆形，白色而染淡红，顶端常具小尖头，被毛；花葶被疏柔毛，长 0.8 ~ 1.5cm，顶端 3 裂；花冠管漏斗形，长 2.3 ~ 2.5cm，喉部被毛，裂片长圆形，长 1.5cm，白色而带粉红，后方的一片较大，顶端具小尖头，被毛；侧生退化雄蕊淡黄色，倒卵状长圆形，长约 1.5cm；唇瓣黄色，倒卵形，长 2.5cm，顶微 2 裂；子房被长柔毛。

花期：4 ~ 6 月。

地理分布和生境：产我国东南部至西南部各省区，云南省德宏州各县市海拔 360 ~ 1900m 栽培或野生于林下。东南亚各地也有分布。

资源利用：郁金块根含的挥发油的主要成分为姜黄烯、姜黄素、姜黄酮和芳基姜黄酮等，此外尚有多达 40% 的淀粉、脂肪油等。郁金有行气解郁、破瘀、止痛的功用，主治胸闷胁痛、胃腹胀痛、黄疸、吐血、尿血、月经不调、癫痫。又可提取黄色食用染料，所含姜黄素可作分析化学试剂。

开发推广：根茎繁殖。收获时，选无病虫害、无损伤的根茎作种。种根茎置室内干燥通风处堆放储藏过冬，春季栽培时取出。栽种前将大的根茎纵切成两半或小块，每块具 2 个芽以上，为了防止种根茎腐烂，待切面稍晾干后下种，也可边切边蘸上石灰或草木灰后，立即栽种。畦栽，行距 33 ~ 40cm，穴距 27 ~ 33cm，每穴栽根茎 3 ~ 5 块，芽朝上，覆土，稍加镇压。用种量为 2250 ~ 3000kg/hm^2。

叶、根标本 　　　　　　　　　　花

花

七十三、川芎

学名：*Ligusticum chuanxiong* Hort.。

异名：香果、芎藭胡藭、马衔、Gong gan（景颇语）。

科属：伞形科 Umbelliferae，藁本属 *Ligusticum*。

标本来源：各县市栽培。

形态和习性：多年生草本，高 40 ~ 60cm。根茎发达，形成不规则的结节状拳形团块，具浓烈香气。茎直立，圆柱形，具纵条纹，上部多分枝，下部茎节膨大呈盘状（苓子）。茎下部叶具柄，柄长 3 ~ 10cm，基部扩大成鞘；叶片轮廓卵状三角形，长 12 ~ 15cm，宽 10 ~ 15cm，3 ~ 4 回三出式羽状全裂，羽片 4 ~ 5 对，卵状披针形，长 6 ~ 7cm，宽 5 ~ 6cm，末回裂片线状披针形至长卵形，长 2 ~ 5mm，宽 1 ~ 2mm，具小尖头；茎上部叶渐简化。复伞形花序顶生或侧生；总苞片 3 ~ 6，线形，长 0.5 ~ 2.5cm；伞辐 7 ~ 24，不等长，长 2 ~ 4cm，内侧粗糙；小总苞片 4 ~ 8，线形，长 3 ~ 5mm，粗糙；萼齿不发育；花瓣白色，倒卵形至心形，长 1.5 ~ 2mm，先端具内折小尖头；花柱基圆锥状，花柱 2，长 2 ~ 3mm，向下反曲。幼果两侧扁压，长 2 ~ 3mm，宽约 1mm；背棱槽内油管 1 ~ 5，侧棱槽内油管 2 ~ 3，合生面油管 6 ~ 8。

花期 7 ~ 8 月，幼果期 9 ~ 10 月。

地理分布和生境：各县市栽培植物。主产四川（灌县），在云南、贵州、广西、湖北、江西、浙江、江苏、陕西、甘肃、内蒙古、河北等省区均有栽培。

资源利用：根茎含挥发油约 1%，鉴定出油中成分有 40 种，占挥发油的 93.64%，其中主成分为藁本内酯（58%）、3-丁酰内酯（5.29%）和香桧烯（6.08%）。还含生物碱、内酯类化合物、有机酸、苯酞类化合物 4-羟基 -3- 丁基苯酞及苯酞衍生物、香草醛、β- 谷甾醇、匙叶桉油烯醇、维生素 A、蔗糖、脂肪油等。根茎供药用，具有

标本

行气开郁、祛风燥湿、活血止痛功效，治头痛眩晕、肋痛腹疼、经闭、难产、痈疽、疮疡等症。

    开发推广：选干燥向阳、阳坡或半阳山的荒地或水地均可，土质肥沃、排水良好的砂壤土，前茬以玉米（陕西和玉米间种）、洋芋地为好，如选用新荒地，早点清除地面杂草、树根，集中烧毁，作肥料，提高地温。深耕20cm，耙平做畦。排水好的土壤，做畦宽250～300cm的高畦；排水差的土壤，做畦宽120cm的高畦。川芎用茎节（芎苓子）作种。每年地上枯萎后挖出川芎，把根上面的茎节切下来，每节有芽1～2个，每公顷用种量2250kg左右，下面大的根茎加工成商品。将种苗窖藏次年惊蛰前栽种，条栽沟深12～16cm，株行距（20～25）cm×35cm左右，每穴放1～2块苗，芽尖向上，覆细土6cm，底肥每公顷15 000～22 500kg。种后土干及时浇水，出苗前保持土壤湿润，4月下旬中耕除草。追施草木灰2250～3000kg/hm²，腐熟饼肥750～1500kg。5月下旬～6月中旬第二次除草，7月第三次除草。

根

中药饮片

七十四、鸡桑

学名：*Morus australis* Poir.。

异名：小叶桑、Mang gai（傣语）、Bi suo（景颇语）。

科属：桑科 Moraceae，桑属 *Morus*。

标本来源：各县市石灰岩的悬崖或山坡上。

形态和习性：灌木或小乔木，树皮灰褐色，冬芽大，圆锥状卵圆形。叶卵形，长 5～14cm，宽 3.5～12cm，先端急尖或尾状，基部楔形或心形，边缘具粗锯齿，不分裂或 3～5 裂，表面粗糙，密生短刺毛，背面疏被粗毛；叶柄长 1～1.5cm，被毛；托叶线状披针形，早落。雄花序长 1～1.5cm，被柔毛，雄花绿色，具短梗，花被片卵形，花药黄色；雌花序球形，长约 1cm，密被白色柔毛，雌花花被片长圆形，暗绿色，花柱很长，柱头 2 裂，内面被柔毛。聚花果短椭圆形，直径约 1cm，成熟时红色或暗紫色。

花期 3～4 月，果期 4～5 月。

地理分布和生境：德宏州各县市石灰岩的悬崖或山坡上均有分布，产辽宁、河北、陕西、甘肃、山东、安徽、浙江、江西、福建、台湾、河南、湖北、湖南、广东、广西、四川、贵州、云南、西藏等省区。常生于海拔 500～1000m 石灰岩山地或林缘及荒地。朝鲜、日本、斯里兰卡、不丹、尼泊尔及印度也有分布。

资源利用：鸡桑的化学成分含有白桑酚 B、桑根酮 C、异甘草黄酮醇、羟基藜芦酚、3,3′,4,5′- 四羟基二苯乙烯、白藜芦醇、二氢桑色素、2,3′,4- 三羟基二苯乙烷、槲皮素和山柰酚。韧皮纤维可以造纸，果实成熟时味甜可食，种子可榨油；药用祛风、清肝明目、泻肺行水。

开发推广：扦插育苗，栽植行株距是 60cm×30cm（3000～3500 株 / 亩），也可利用四边栽植，单行株距 45～60cm。用以大行间作，桑行株距 45～60 cm，行间作物种植应距桑树 30～40cm。苗干留 1.6～2.0m，剪去梢端不充实和干枯部分，开春后施春肥，每亩用氮元素 8kg。即时夏伐，重施夏肥，每亩用氮元素 12kg。夏伐后即时疏芽，栽植密的留芽 3～4 个，稀的留芽 4～6 个。冬季落叶休眠后，进行清园清树，捡除枯枝落叶，留足所需健壮枝条，并进行冬耕、施肥、除草、除虫等常规管理。

标本（一）

标本（二）

七十五、白花蛇舌草

学名：*Hedyotis diffusa* Willd.。

异名：蛇舌草、羊须草、蛇总管、蛇舌癀、蛇针草、二叶葎、白花十字草、尖刀草、甲猛草、龙舌草、蛇脷草、鹤舌草、小叶锅巴草、Ya lin wu（傣语）、Miao ya chi（景颇 - 载瓦）。

科属：茜草科 Rubiaceae，耳草属 *Hedyotis*。

标本来源：各县市海拔 850 ~ 1900m 的旷野、路旁。

形态和习性：一年生无毛纤细披散草本，高 20 ~ 50cm；茎稍扁，从基部开始分枝。叶对生，无柄，膜质，线形，长 1 ~ 3cm，宽 1 ~ 3mm，顶端短尖，边缘干后常背卷，上面光滑，下面有时粗糙；中脉在上面下陷，侧脉不明显，托叶长 1 ~ 2mm，基部合生，顶部芒尖。花 4 数，单生或双生于叶腋；花梗略粗壮，长 2 ~ 5mm，罕无梗或偶有长达 10mm 的花梗；萼管球形，长 1.5mm，萼檐裂片长圆状披针形，长 1.5 ~ 2mm，顶部渐尖，具缘毛；花冠白色，管形，长 3.5 ~ 4mm，冠管长 1.5 ~ 2mm，喉部无毛，花冠裂片卵状长圆形，长约 2mm，顶端钝；雄蕊生于冠管喉部，花丝长 0.8 ~ 1mm，花药突出，长圆形，与花丝等长或略长；花柱长 2 ~ 3mm，柱头 2 裂，裂片广展，有乳头状凸点。蒴果膜质，扁球形，直径 2 ~ 2.5mm，宿存萼檐裂片长 1.5 ~ 2mm，成熟时顶部室背开裂；种子每室约 10 粒，具棱，干后深褐色，有深而粗的窝孔。

花期春季。

地理分布和生境：德宏州各县市海拔 850 ~ 1900m 的旷野、路旁有分布，产于广东、香港、广西、海南、安徽、云南等省区，多见于水田、田埂和湿润的旷地。国外分布于热带亚洲，西至尼泊尔，日本亦产。

资源利用：全草含车叶草甙、车叶草甙酸、去乙酸基车叶草甙酸、都桷子甙酸、鸡屎藤次甙、鸡屎藤次甙甲酯、6-O-对 - 羟基桂皮酰鸡屎藤次甙甲酯、6-O-对 - 甲氧基桂皮酰鸡屎藤次甙甲酯、6-O-阿魏酰鸡屎藤次甙甲酯、2-甲基 -3-羟基蒽醌、2- 甲基 -3-甲氧基蒽醌、2- 甲基 -3-羟基 -4-甲氧基蒽醌等，以及熊果酸、β- 谷甾醇、三十一烷、豆甾醇、齐墩果酸、β-谷甾醇 -β-葡萄糖甙、对香豆酸等。全草入药，内服治肿瘤、蛇咬伤、小儿疳积，外用主治疱疮、刀伤、跌打等症。

　　开发推广：白花蛇舌草应选择地势偏低、光照充足、排灌方便、疏松肥沃的壤土种植。基肥每亩施各种腐熟的农家肥 500kg 或复合肥 50kg 和磷肥 50kg，将基肥均匀撒入土内，浅耕细耙，开沟作畦，畦宽 1m，畦沟深 25cm，畦面呈龟背形，以便排灌。播种时间可分为春播和秋播，春播作商品，秋播既可作商品又可留种，春播在南方水稻栽培地区，以 3 月下旬～5 月上旬为佳，春播收获后可在原地连播，也可留根发芽栽培。秋播于 8 月中下旬进行。一亩地需要种子 1kg。播种前将白花蛇舌草的果实放在水泥地上，用橡胶或布包的木棒轻轻摩擦，脱去果皮及种子外的蜡质，然后将细小的种子拌细土数倍，便于播种均匀。播种方法分为条播和撒播两种。条播行距为 30cm；撒播将带细土的种子均匀播在畦面上，稍压或用竹扫帚轻拍，在播种后用稻草盖薄薄一层，白天遮阴，晚上揭开，直至出苗后长出 4 片叶子为止，或播种后采用猪栏肥薄薄盖在畦面并留有空间，既遮阴，又使土壤疏松，有利于出苗，早晚喷浇 1 次水，保持畦面湿润，但不要积水。秋播畦面要用稻草覆盖，防止暴晒，影响出苗，待苗出 4 片叶子时，揭去遮盖稻草，秋季如留根繁殖，不需要遮阴，畦沟里应灌满水，以畦面湿润不积水为佳。

标本

中草药

七十六、香蓼

学名：*Polygonum viscosum* Buch.–Ham. ex D. Don。

异名：黏毛蓼、辣蓼、辣柳。

科属：蓼科 Polygonaceae，蓼属 *Polygonum*。

标本来源：芒市、瑞丽、陇川、盈江，路边湿地。

形态和习性：一年生草本，植株具香味。茎直立或上升，多分枝，密被开展的长糙硬毛及腺毛，高 50～90cm。叶卵状披针形或椭圆状披针形，长 5～15cm，宽 2～4cm，顶端渐尖或急尖，基部楔形，沿叶柄下延，两面被糙硬毛，叶脉上毛较密，边缘全缘，密生短缘毛；托叶鞘膜质，筒状，长 1～1.2cm，密生短腺毛及长糙硬毛，顶端截形，具长缘毛。总状花序呈穗状，顶生或腋生，长 2～4cm，花紧密，通常数个再组成圆锥状，花序梗密被开展的长糙硬毛及腺毛，苞片漏斗状，具长糙硬毛及腺毛，边缘疏生长缘毛，每苞内具 3～5 花；花梗比苞片长；花被 5 深裂，淡红色，花被片椭圆形，长约 3mm，雄蕊 8 枚，比花被短；花柱 3，中下部合生。瘦果宽卵形，具 3 棱，黑褐色，有光泽，长约 2.5mm，包于宿存花被内。

花期 7～9 月，果期 8～10 月。

地理分布和生境：产广东北、陕西、华东、华中、华南、四川、云南、贵州。生路旁湿地、沟边草丛，海拔 30～1900m。朝鲜、日本、印度、俄罗斯（远东）也有。

资源利用：香蓼全草均可入药，主要药用成分为水蓼二醛、密叶辛木素、水蓼酮和水蓼素等，能清热解毒、祛痰止咳，主治上呼吸道感染、气管炎、咽喉肿痛、痢疾、肠炎、湿疹等症。另外，香蓼花色泽艳丽，花期长，可用于花坛、花境的绿化，也可以作为切花材料。同时香蓼还是天然香料植物之一，经过加工提取的香蓼精油和浸膏产品，具有薄荷的清凉和蒿草香气及甜的膏香、豆香和树苔的苔香，整个香气清新自然有力，是日化调香中的新颖香料，可用于草香型、薰衣草型、药草型及素心兰型等香型的调配，特别适合于男用香水型香精的调配。总之，香蓼具有良好的药用、观赏、香料方面的开发价值。

开发推广：种植香蓼的土壤以湿润不积水为好，对土质要求不严。早春翻地后耙平，结合耕地施足基肥，然后做成宽 1.2m 的平畦床。播种期为 4 月下旬～5 月上旬，播种方法采用条播。播后覆土 1cm，如果土壤干燥可浇水渗后再播。一般 10～15d 出苗。育苗地选择土质疏松、排水保水性能好的砂壤土为好。将焚烧的杂草、灌木灰做基肥翻入土中，然后耙平做成高畦，畦宽 1.2m。将低温层积处理后的种子拌细砂壤土均匀撒在畦面上，播后覆盖一薄层细土，稍加镇压，将种子盖严，再盖上草帘。注意保温、保湿。播种后 10d 左右开始出苗，揭去草帘，清除杂草，并结合间苗去弱留强，株距 5cm 左右为宜。加强肥水管理，当苗高 15cm 左右时可带土进行移栽，定植。移栽时按行距 35cm，株距 30cm 定植到大田。

标本

叶

陆生植株

水生植株

七十七、积雪草

学名：*Centella asiatica*（L.）Urban.。

异名：崩大碗、马蹄草、老鸦碗、铜钱草、大金钱草、钱齿草、十八缺、雷公根、蚶壳草、铜钱草、落得打。

科属：伞形科 Umbelliferae，积雪草属 *Centella*。

标本来源：瑞丽江边。

形态和习性：多年生草本，茎匍匐，细长，节上生根。叶片膜质至草质，圆形、肾形或马蹄形，长 1～2.8cm，宽 1.5～5cm，边缘有钝锯齿，基部阔心形，两面无毛或在背面脉上疏生柔毛；掌状脉 5～7，两面隆起，脉上部分叉；叶柄长 1.5～27cm，无毛或上部有柔毛，基部叶鞘透明，膜质。伞形花序梗 2～4 个，聚生于叶腋，长 0.2～1.5cm，有或无毛；苞片通常 2，很少 3，卵形，膜质，长 3～4mm，宽 2.1～3mm；每一伞形花序有花 3～4，聚集呈头状，花无柄或有 1mm 长的短柄；花瓣卵形，紫红色或乳白色，膜质，长 1.2～1.5mm，宽 1.1～1.2mm；花柱长约 0.6mm；花丝短于花瓣，与花柱等长。果实两侧扁压，圆球形，基部心形至平截形，长 2.1～3mm，宽 2.2～3.6mm，每侧有纵棱数条，棱间有明显的小横脉，网状，表面有毛或平滑。

花果期 4～10 月。

地理分布和生境：分布于陕西、江苏、安徽、浙江、江西、湖南、湖北、福建、台湾、广东、广西、四川、云南等省区。全州各县市积雪草喜生于阴湿的草地或水沟边，海拔 200～1900m。印度、斯里兰卡、马来西亚、印度尼西亚、大洋洲群岛、日本、澳大利亚及中非、南非（阿扎尼亚）也有分布。

资源利用：积雪草主要含三萜皂苷，如积雪草苷、羟基积雪草苷。另外，积雪草中还含多种多炔烯类化合物和挥发油成分，同时还含有维生素 B_1、谷氨酸、天冬氨酸、内消旋肌醇、积雪草糖、胡萝卜烃类、叶绿素、山奈酚、β-谷甾醇、生物碱及鞣质等成分。现代药理研究发现，积雪草总苷具有消炎、促进创面愈合、防治瘢痕过度增生等作用，主要用于治疗各种皮肤损伤、肠胃溃疡；另外，还有抗泌尿系统感染、诱导肿瘤细胞凋亡等作用。印度医学研究人员报道，积雪草还有改善记忆力的作用，对轻、中度阿尔茨海默病患者通过采用积雪草制剂治疗，可明显改善认知能力；此外，积雪草对改善焦虑患者症状，防止其产生过激行为也有明显效果。

目前，积雪草总苷的主要制剂类型有乳膏（霜）剂、片剂等。

积雪草的观赏期长，匍匐枝节生根，叶形优美，草坪平整而致密。在我国南方地区易繁殖，占空力强，铺建草坪容易。大强度践踏后恢复期短，成坪快，多年宿根，终年常绿，便于管理，推广速度快。因此，积雪草是一种值得推广的、综合性能优良的草坪植物。

开发推广：种子繁殖于春、秋季条播，覆土 2～3cm；分株繁殖在早春进行。苗期勤除杂草，旱季注意浇水。夏、秋二季采收全草，除去泥沙，晒干或鲜用。积雪草由于其特殊的生物学特性，强大的匍匐茎和繁殖迅速的根系可形成致密的地表覆盖，因而是一种优良的地被植物。可作为果园、茶园等经济林的杂草引种，良好的地表覆盖可为经济林涵养水分、保持良好的园林生态环境。

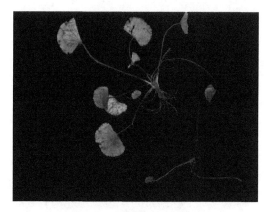

标本

积雪草植株

中药饮片

七十八、中华水芹

学名：*Oenanthe sinensis* Dunn。

异名：Wa lai la（景颇语）、Wa lai bie（景颇 - 载瓦）。

科属：伞形科 Umbelliferae，水芹属 *Oenanthe*。

标本来源：各县市的水边或湿地均有分布。

形态和习性：多年生草本，高 20 ～ 70cm，光滑无毛，有束状须根。茎直立，基部匍匐，节上生根，上部不分枝或有短枝。叶有柄，柄长 5 ～ 10cm，逐渐窄狭成叶鞘，广卵形，微抱茎。叶片一至二回羽状分裂，茎下部叶末回裂片楔状披针形或线状披针形，长 1 ～ 3cm，宽 2 ～ 10mm，边缘羽状半裂或全缘，长 1 ～ 3cm，宽 2 ～ 10mm；茎上部叶末回裂片通常线形，长 1 ～ 4cm，宽 1 ～ 2mm。复伞形花序顶生与腋生，花序梗长 4 ～ 7.5cm，通常与叶对生；无总苞；伞辐 4 ～ 9，不等长，长 1.5 ～ 2cm；小总苞片线形，多数，长 4 ～ 5mm，宽 0.5mm，长与花柄相等；小伞形花序有花 10 余朵，花柄长 3 ～ 5mm；萼齿三角形或披针状卵形，长约 0.5mm；花瓣白色，倒卵形，顶端有内折的小舌片；花柱基圆锥形，花柱直立，长 3mm。果实圆筒状长圆形，长 3mm，宽 1.5 ～ 2mm，侧棱略较中棱和背棱为厚；棱槽窄狭，有油管 1，合生面油管 2。

花期 6 ～ 7 月，果期 8 月。

地理分布和生境：产江苏、浙江、江西、湖南、湖北等地。德宏州各县市生于水田沼地及山坡路旁湿地。

资源利用：中华水芹具有较高的营养价值和经济价值。据测定，水芹每 100g 可食部分含蛋白质 2.5g、脂肪 0.6g、碳水化合物 4g、粗纤维 3.8g、维生素 C 39mg 等，另含有挥发油、甾醇类、醇类、脂肪酸类、黄酮类、氨基酸类物质等，具有很高的药用价值。

开发推广：选择土壤肥沃、保肥保水性能好、排灌方便的浅水藕田、春玉米田、早大豆田等茬口。施肥整地播种前 7 ～ 10d，每亩施优质有机肥 2000 ～ 2500kg 或饼肥 100 ～ 150kg，然后进行深耕上水沤制，耕翻次数越多，翻得越深，沤制时间越长，越容易获得高产。在最后一次耕翻整地时每亩施三元素复合肥 50 ～ 75kg，达到田面平整，四周筑好高田埂（高度在 50cm 以上），灌上薄水层。于 8 月中下旬将种芹茎秆用稻草捆好，每捆扎 2 ～ 3 道，粗 20 ～ 30cm。捆扎后，将种茎横一层、竖一层，交叉堆放在不见太阳的树荫下或屋后北墙根，上面盖上稻草或其他水草，没有自然条件的，可用遮阳网遮阴。每天上午9时前、下午4时后各浇清水一次，保持湿润，防止发热。在凉爽、通气、湿润的情况下，经7d左右，各节的叶腋长出1～2cm的嫩芽，同时生根。这样发芽、生根的种茎即可播种，撒摇可切成长度30～40cm，排种可切成60cm。中华水芹的适宜播种期在9月上旬，将催芽的种茎，茎部端朝田埂，梢端向田中间，芽头向上。排种时要保证密度，排种的间距通常在6～8cm，一般每亩用种量200～250kg；田面要平整，以利长芽生根，从而达到生长一致。在幼苗长到2～3张叶片时，开始追肥，促进植株尽

标本

快旺长，以后每隔7～10d追肥一次，每次每亩用尿素10～15kg。及时用蚜虫净喷雾防治或深水（4h左右）灭蚜。排种后待中华水芹充分扎根生长时可以排干田水，轻搁一次，以后要逐步加深水层，初期5～10cm。以后水层在30cm，保持植株露出水面15cm左右，入冬以后，水芹停止生长，主要以灌水保暖，防止受冻。当苗高达25cm左右时，结合清除杂草和混合肥料，进行田间整理：①移密补稀，使田间分布均匀；②捺高提低，使田间群体生长整齐，高矮一致。同时，可采用深埋入土的办法进行软化，提高中华水芹的品质。

蔬菜产品

植株

七十九、藿香

学名：*Agastache rugosa* (Fisch.et Mey.) Ktze.。

异名：合香、苍告、山茴香、土藿香、猫把、青茎薄荷。

科属：唇形科 Labiatae，藿香属 *Agastache*。

标本来源：各县市栽培植株。

形态和习性：多年生草本。茎直立，高 0.5 ~ 1.5m，四棱形，粗达 7 ~ 8mm，上部被极短的细毛，下部无毛，在上部具能育的分枝。叶心状卵形至长圆状披针形，长 4.5 ~ 11cm，宽 3 ~ 6.5cm，向上渐小，先端尾状长渐尖，基部心形，稀截形，边缘具粗齿，纸质，上面橄榄绿色，近无毛，下面略淡，被微柔毛及点状腺体；叶柄长 1.5 ~ 3.5cm。轮伞花序多花，在主茎或侧枝上组成顶生密集的圆筒形穗状花序，穗状花序长 2.5 ~ 12cm，直径 1.8 ~ 2.5cm；花序基部的苞叶长不超过 5mm，宽 1 ~ 2mm，披针状线形，长渐尖，苞片形状与之相似，较小，长 2 ~ 3mm；轮伞花序具短梗，总梗长约 3mm，被腺微柔毛。花萼管状倒圆锥形，长约 6mm，宽约 2mm，被腺微柔毛及黄色小腺体，多少染成浅紫色或紫红色，喉部微斜，萼齿三角状披针形，后 3 齿长约 2.2mm，前 2 齿稍短。花冠淡紫蓝色，长约 8mm，外被微柔毛，冠筒基部宽约 1.2mm，微超出于萼，向上渐宽，至喉部宽约 3mm，冠檐二唇形，上唇直伸，先端微缺，下唇 3 裂，中裂片较宽大，长约 2mm，宽约 3.5mm，平展，边缘波状，基部宽，侧裂片半圆形。雄蕊伸出花冠，花丝细，扁平，无毛。花柱与雄蕊近等长，丝状，先端相等的 2 裂。花盘厚环状。子房裂片顶部具绒毛。成熟小坚果卵状长圆形，长约 1.8mm，宽约 1.1mm，腹面具棱，先端具短硬毛，褐色。

花期 6 ~ 9 月，果期 9 ~ 11 月。

地理分布和生境：德宏州各县市广泛分布，常见栽培，供药用。俄罗斯、朝鲜、日本及北美洲有分布。

资源利用：藿香是高钙、高胡萝卜素食品，每 100g 嫩叶含水分 72g、蛋白质 8.6g、脂肪 1.7g、碳水化合物 10g、胡萝卜素 6.38mg、维生素 B_1 0.1mg、维生素 B 20.38mg、尼克酸 1.2mg、维生素 C 23mg、钙 580mg、磷 104mg、铁 28.5mg、全草含芳香挥发油 0.5%。芳香挥发油中主要为甲基胡椒酚（约占 80%）、柠檬烯、α- 蒎烯和 β- 蒎烯、对伞花烃、芳樟醇、I-丁香烯等，对多种致病性真菌都有一定的抑制作用，是制造多种中成药的原料。

开发推广:种子繁殖,可春播也可秋播。春播:于 2 ~ 3 月抗旱播种。顺墒按行距 25 ~ 33cm,划 1.5 ~ 2cm 深的小浅沟,将粪水顺沟浇施后,把拌过草木灰的种子均匀地撒于沟中,每亩播 3 ~ 4kg,覆土 1 ~ 2cm,适当压实,以后保持土壤湿润。春播产量较低。秋播:于 9 ~ 10 月抢潮播种。在整好的墒面上,按株行距 30cm×30cm 打塘,塘深 3 ~ 5cm,平底大塘,每塘施入畜尿 0.5 ~ 1kg 后,将浸泡过的种子,趁潮拌草木灰后,均匀地播于塘内,每塘播种 5 ~ 6 粒,盖 1 ~ 2cm 薄土。久晴不雨应及时浇水,产量较高,适宜中低海拔地区应用。扦插繁殖一般 10 ~ 11 月或 3 ~ 4 月扦插育苗。雨天选生长健壮的当年生嫩枝和顶梢,剪成 10 ~ 15cm 带 3 ~ 4 个节的小段,去掉下部叶片,插入 1/3,插后浇水盖草。

茎叶标本

植株

中药饮片

八十、赪桐

学名：*Clerodendrum japonicum* (Thunb.) Sweet。

异名：百日红、贞桐花、状元红、荷苞花、红花倒血莲、急心花、臭牡丹、红花臭牡丹、红牡丹、Ou wun ha（景颇 - 载瓦）。

科属：马鞭草科 Verbenaceae，大青属 *Clerodendrum*。

标本来源：全州各县市，生于海拔 260 ~ 1400m 栽培或野生。

形态和习性：灌木，高 1 ~ 4m；小枝四棱形，干后有较深的沟槽，老枝近于无毛或被短柔毛，同对叶柄之间密被长柔毛，枝干后不中空。叶片圆心形，长 8 ~ 35cm，宽 6 ~ 27cm，顶端尖或渐尖，基部心形，边缘有疏短尖齿，表面疏生伏毛，脉基具较密的锈褐色短柔毛，背面密具锈黄色盾形腺体，脉上有疏短柔毛；叶柄长 0.5 ~ 15cm，少可达 27cm，具较密的黄褐色短柔毛。二歧聚伞花序组成顶生，大而开展的圆锥花序，长 15 ~ 34cm，宽 13 ~ 35cm，花序的最后侧枝呈总状花序，长可达 16cm，苞片宽卵形、卵状披针形、倒卵状披针形、线状披针形，有柄或无柄，小苞片线形；花萼红色，外面疏被短柔毛，散生盾形腺体，长 1 ~ 1.5cm，深 5 裂，裂片卵形或卵状披针形，渐尖，长 0.7 ~ 1.3cm，开展，外面有 1 ~ 3 条细脉，脉上具短柔毛，内面无毛，有疏珠状腺点；花冠红色，稀白色，花冠管长 1.7 ~ 2.2cm，外面具微毛，里面无毛，顶端 5 裂，裂片长圆形，开展，长 1 ~ 1.5cm；雄蕊长约达花冠管的 3 倍；子房无毛，4 室，柱头 2 浅裂，与雄蕊均长突出于花冠外。果实椭圆状球形，绿色或蓝黑色，直径 7 ~ 10mm，常分裂成 2 ~ 4 个分核，宿萼增大，初包被果实，后向外反折呈星状。

花果期 5 ~ 11 月。

地理分布和生境：产江苏、浙江南部、江西南部、湖南、福建、台湾、广东、广西、四川、贵州、云南。通常生于平原、山谷、溪边或疏林中或栽培于庭院。印度东北、孟加拉、锡金、不丹、中南半岛、马来西亚、日本也有分布。

资源利用：全株药用，有祛风利湿、消肿散瘀的功效。云南作跌打、催生药，又治心慌，用根、叶作皮肤止痒药；湖南用花治外伤止血。

开发推广：赪桐可采用播种和扦插繁殖。扦插可结合修剪进行，时间为 3 ~ 4 月，插条长度为 15 ~ 20cm，扦插基质不限，保持 80% 的湿度，成活率高达 95% 以上。赪桐粗生易长，可阴可阳，为达到矮化植株，开花整齐、茂盛的目的，则应在植株萌发前，即 4 月实行重剪，留茬 20 ~ 30cm，同时进行正常的水、肥管理。赪桐主要病虫害包括蚜虫、吹绵蚧、黑毛虫，以及煤烟病、白粉病等，常规生产中多采用化学防治措施，打农药是常用的方法。

花

叶

植株、生境（一）

植株、生境（二）

八十一、刺芹

学名：*Eryngium foetidum* L.。

异名：假芫荽、节节花、野香草、假香荽、缅芫荽、阿佤芫荽、节节龙、香菜、大芫荽、缅芫荽、Pa ji meng gua（傣语）、Ge la pa ji（景颇语）、Mian pu ji（景颇 - 载瓦）。

科属：伞形科 Umbelliferae，刺芹属 *Eryngium*。

标本来源：各县市生长在海拔 100 ~ 1540m 的丘陵、山地林下、路旁、沟边等湿润处。

形态和习性：二年生或多年生草本，高 11 ~ 40cm 或超过，主根纺锤形。茎绿色直立，粗壮，无毛，有数条槽纹，上部有 3 ~ 5 歧聚伞式的分枝。基生叶披针形或倒披针形不分裂，革质，长 5 ~ 25cm，宽 1.2 ~ 4cm，顶端钝，基部渐窄有膜质叶鞘，边缘有骨质尖锐锯齿，近基部的锯齿狭窄呈刚毛状，表面深绿色，背面淡绿色，两面无毛，羽状网脉；叶柄短，基部有鞘可达 3cm；茎生叶着生在每一叉状分枝的基部，对生，无柄，边缘有深锯齿，齿尖刺状，顶端不分裂或 3 ~ 5 深裂。头状花序生于茎的分叉处及上部枝条的短枝上，呈圆柱形，长 0.5 ~ 1.2cm，宽 3 ~ 5mm，无花序梗；总苞片 4 ~ 7，长 1.5 ~ 3.5cm，宽 4 ~ 10mm，叶状，披针形，边缘有 1 ~ 3 刺状锯齿；小总苞片阔线形至披针形，长 1.5 ~ 1.8mm，宽约 0.6mm，边缘透明膜质；萼齿卵状披针形至卵状三角形，长 0.5 ~ 1mm，顶端尖锐；花瓣与萼齿近等长，倒披针形至倒卵形，顶端内折，白色、淡黄色或草绿色；花丝长约 1.4mm；花柱直立或稍向外倾斜，长约 1.1mm，略长过萼齿。果卵圆形或球形，长 1.1 ~ 1.3mm，宽 1.2 ~ 1.3mm，表面有瘤状凸起，果棱不明显。

花果期 4 ~ 12 月。

地理分布和生境：产于广东、广西、贵州、云南等省区。德宏州各县市生长在海拔 100 ~ 1540m 的丘陵、山地林下、路旁、沟边等湿润处。南美洲东部、中美洲、安的列斯群岛以至亚洲、非洲的热带地区也有分布。

资源利用：根含皂甙，根油中含 2,3,6- 三甲基苯甲醛、2- 甲酰 -1,1,5- 三甲基 -2,4- 环己烯 -6- 醇。全草含挥发油，内含 2- 十二碳烯醛、α- 蒎烯、小茴香醇及呋喃醇。另外，还含有水分、碳水化合物、粗蛋白、粗纤维和钙、磷、铁等无机元素。在南美洲及其他热带地方，用于利尿、治水肿病与蛇咬伤有良效，又可作食用香料，气味同芫荽。具有发表止咳、透疹解毒、理气止痛、利尿消肿的功效，用于治感冒、咳喘、麻疹不透，咽痛、胞痛、食积，呕逆、脘腹胀痛、泻痢，肠痛、肝炎、淋痛，水肿、疮疖、烫伤、跌伤、跌打伤肿，蛇咬伤。

开发推广：种子繁殖。喜温耐热、喜肥、喜湿，在阴坡潮湿的环境中生长茂盛。可与黄色花粉色茎的待宵草（*Oenothera stricta* Ledeb. et Link）合栽。由于刺芹种子极小易被风吹散传播，所以对于已入侵到自然生态系统和农田的植株，要在其开花前及时除掉，同时要清除田边的杂草，防止其种子入侵农

植株

田。刺芹在一些地方作为野菜被栽培，但要加以控制，防止其蔓延泛滥。可用克芜踪、除草醚等除草剂防治。

标本

八十二、罗勒

学名：*Ocimum basilicum* L.。

异名：零陵香（植物名实图考），兰香、香菜、翳子草、矮糠、薰草、家佩兰、省头草、光明子（种子名）（中国药用植物志），薰草、零陵香、矮糠、香草（北京），香荆芥（河南），缠头花椒（新疆），佩兰、家薄荷（江苏），香草头（浙江），香叶草、省头草、光阴子（江西安福），荆芥（湖北均县），九重塔、九层塔、千层塔、茹香、鱼香、薄荷树、光明子（广东），鸭香、九层塔、小叶薄荷（广西），九层塔、香草、兰香、省头草（福建），蒿黑（四川会理）。

科属：唇形科 Labiatae，罗勒属 *Ocimum*。

标本来源：瑞丽菜地栽培。

形态和习性：一年生草本，高 20～80cm，具圆锥形主根及自其上生出的密集须根。茎直立，钝四棱形，上部微具槽，基部无毛，上部被倒向微柔毛，绿色，常染有红色，多分枝。叶卵圆形至卵圆状长圆形，长 2.5～5cm，宽 1～2.5cm，先端微钝或急尖，基部渐狭，边缘具不规则牙齿或近于全缘，两面近无毛，下面具腺点，侧脉 3～4 对，与中脉在上面平坦下面多少明显；叶柄伸长，长约 1.5cm，近于扁平，向叶基多少具狭翅，被微柔毛。总状花序顶生于茎、枝上，各部均被微柔毛，通常长 10～20cm，由多数具 6 花交互对生的轮伞花序组成，下部的轮伞花序远离，彼此相距可达 2cm，上部轮伞花序靠近；苞片细小，倒披针形，长 5～8mm，短于轮伞花序，先端锐尖，基部渐狭，无柄，边缘具纤毛，常具色泽；花梗明显，花时长约 3mm，果时伸长，长约 5mm，先端明显下弯。花萼钟形，长 4mm，宽 3.5mm，外面被短柔毛，内面在喉部被疏柔毛，萼筒长约 2mm，萼齿 5，呈二唇形，上唇 3 齿，中齿最宽大，长 2mm，宽 3mm，近圆形，内凹，具短尖头，边缘下延至萼筒，侧齿宽卵圆形，长 1.5mm，先端锐尖，下唇 2 齿，披针形，长 2mm，具刺尖头，齿边缘均具缘毛，果时花萼宿存，明显增大，长达 8mm，宽 6mm，明显下倾，脉纹显著。花冠淡紫色，或上唇白色下唇紫红色，伸出花萼，长约 6mm，外面在唇片上被微柔毛，内面无毛，冠筒内藏，长约 3mm，喉部多少增大，冠檐二唇形，上唇宽大，长 3mm，宽 4.5mm，4 裂，裂片近相等，近圆形，常具波状皱曲，下唇长圆形，长 3mm，宽 1.2mm，下倾，全缘，近扁平。雄蕊 4 枚，分离，略超出花冠，插生于花冠筒中部，花丝丝状，后对花丝基部具齿状附属物，其上有微柔毛，花药卵圆形，汇合成1室。花柱超出雄蕊之上，先端相等2浅裂。花盘平顶，具4齿，齿不超出子房。小坚果卵珠形，长2.5mm，宽1mm，黑褐色，有具腺的穴陷，基部有1白色果脐。

花期7～9月，果期9～12月。

地理分布和生境：产新疆、吉林、河北、浙江、江苏、安徽、江西、湖北、湖南、广东、广西、福建、台湾、贵州、云南及四川，多为栽培，南部各省区有逸为野生的。非洲至亚洲温暖地带也有。

资源利用：茎、叶及花穗含芳香油，一般含油0.1%～0.12%，油的比重（15℃）为0.900～0.930，折光度（20℃）为1.4800～1.4950，旋光度（20℃）为–6°～–20°，其主要成分为草蒿素（含量在55%左右）、芳樟醇（含量为34.5%～40%）及其他如乙酸芳樟酯、丁香酚等，主要用作调香原料，配制化妆品、皂用及食用香精，也在牙膏、漱口剂中作为矫味剂。嫩叶可食，也可泡茶饮，有祛风、芳香、健胃及发汗作用。全草入药，治胃痛、胃痉挛、胃肠胀气、消化不良、肠炎腹泻、外感风寒、头痛、胸痛、跌打损伤、瘀肿、风湿性关节炎、小儿发热、肾脏炎、蛇咬伤，煎水洗湿疹及皮炎；茎叶为产科用药，可使分娩前血行良好；种子名"光明子"，主治目翳，并试用于避孕。

开发推广：3～4月播种，条播按行距35cm左右开浅沟，穴播按穴距25cm开浅穴，匀撒入沟里或穴里，盖一层薄土，并保持土壤湿润，每亩用种子0.2～0.3kg。在苗高6～10cm时进行间苗、补苗，穴播每穴留苗2～3株，条播按10cm左右留1株。一般中耕除草2次，次于出苗后10～20d，浅锄表土。第二次在5月上旬～6月上旬，苗封行前，每次中耕后都要施入人畜粪水。幼苗期怕干旱，要注意及时浇水。

标本

花（一）

花（二）

植株

八十三、咖啡黄葵

学名：*Abelmoschus esculentus* (Linn.) Moench。

异名：越南芝麻、羊角豆、糊麻、秋葵、山油麻、野油麻、野棉花、芙蓉麻、鸟笼胶、假三稔、山芙蓉、香秋葵、Huan dun（傣语）、Yong ba di xi（景颇语）。

科属：锦葵科 Malvaceae，秋葵属 *Abelmoschus*。

标本来源：瑞丽市贺允菜地。

形态和习性：一年生草本，高 1～2m；茎圆柱形，疏生散刺。叶掌状 3～7 裂，直径 10～30cm，裂片阔至狭，边缘具粗齿及凹缺，两面均被疏硬毛；叶柄长 7～15cm，被长硬毛；托叶线形，长 7～10mm，被疏硬毛。花单生于叶腋间，花梗长 1～2cm，疏被糙硬毛；小苞片 8～10，线形，长约 1.5cm，疏被硬毛；花萼钟形，较长于小苞片，密被星状短绒毛；花黄色，内面基部紫色，直径 5～7cm，花瓣倒卵形，长 4～5cm。蒴果筒状尖塔形，长 10～25cm，直径（1）2～5 cm，顶端具长喙，疏被糙硬毛；种子球形，多数，直径 4～5mm，具毛脉纹。

花期 5～9 月。

地理分布和生境：我国河北、山东、江苏、浙江、湖南、湖北、云南和广东等省引入栽培。原产于印度。由于生长周期短，耐干热，已广泛栽培于热带和亚热带地区。我国湖南、湖北等省栽培面积也极广。

资源利用：种子含油达 15%～20%，油内含少量的棉酚，有小毒，但经高温处理后可供食用或供工业用。嫩果可作蔬食用。各个部分都含有半纤维素、纤维素和木质素。嫩果含有丰富的蛋白质、游离氨基酸、维生素 C、维生素 A、维生素 E 和磷、铁、钾、钙、锌、锰等矿质元素及由果胶和多糖等组成的黏性物质。每 100g 嫩果中含有蛋白质 2.5g、脂肪 0.1g、碳水化合物 2.7g、粗纤维 3.9g、维生素 A 10.2mg、维生素 B 20.06mg、维生素 C 44mg、维生素 E 1.03mg、维生素 PP 1.0mg，以及矿质营养钾 95mg、钙 45mg、磷 65mg、镁 29mg。具有帮助消化、增强体力、保护肝脏、健胃整肠、预防贫血、有益于视网膜健康、维护视力、增强人体防癌、抗癌、治疗糖尿病、抗疲劳和强肾补虚的作用。

开发推广：选择耕作层深厚、土质肥沃、受光良好、排灌方便的壤土或黏壤土地块整地。播种前将土地深耕 20～30cm，施足基肥，每亩施腐熟有机肥 3000kg 左右、磷酸二铵 15～20kg、草木灰 100～150kg 或硫酸钾 15kg。播种前用 20～25℃温水浸种 12h, 然后擦干, 于 25 ～ 30℃条件下催芽 48h, 待一半种子露白时即可播种。在事先整好的畦内按行距 80cm、株距 50cm 挖穴, 先浇足底水, 每穴播种 2 ～ 3 粒, 覆土 2 ～ 3cm。每亩可栽 2000 穴, 用种量 0.5kg 左右。第 1 片真叶展开时进行第一次间苗, 去掉病残弱苗。当有 2 ～ 3 片真叶展开时定苗, 每穴留 1 株壮苗。定苗后应及时中耕, 以提高地温, 并起到保墒除草的作用。以后应经常中耕除草, 并进行培土, 防止植株倒伏。

叶标本　　　　　　　　　花

果枝（一）　　　　　　果枝（二）

果　　　　　　　　植株

八十四、喙荚云实

学名：*Caesalpinia minax* Hance。

异名：南蛇簕、石莲子、老鸦枕头（永德、保山）、打鬼棒（梁河）、鬼棒头（腾冲）、Ma suo lie（傣语）。

科属：豆科 Leguminosae，云实属 *Caesalpinia*。

标本来源：各县市海拔 700 ~ 1400m 的山坡林中或灌丛中。

形态和习性：有刺藤本，各部被短柔毛。二回羽状复叶长可达 45cm；托叶锥状而硬；羽片 5 ~ 8 对；小叶 6 ~ 12 对，椭圆形或长圆形，长 2 ~ 4cm，宽 1.1 ~ 1.7cm，先端圆钝或急尖，基部圆形，微偏斜，两面沿中脉被短柔毛。总状花序或圆锥花序顶生；苞片卵状披针形，先端短渐尖；萼片 5 数，长约 13mm，密生黄色绒毛；花瓣 5 数，白色，有紫色斑点，倒卵形，长约 18mm，宽约 12mm，先端圆钝，基部靠合，外面和边缘有毛；雄蕊 10 枚，较花瓣稍短，花丝下部密被长柔毛；子房密生细刺，花柱稍超出于雄蕊，无毛。荚果长圆形，长 7.5 ~ 13cm，宽 4 ~ 4.5cm，先端圆钝而有喙，喙长 5 ~ 25mm，果瓣表面密生针状刺，有种子 4 ~ 8 粒；种子椭圆形与莲子相仿，一侧稍洼，有环状纹，长约 18mm；宽约 10mm，种子在狭的一端。

花期 4 ~ 5 月，果期 7 月。

地理分布和生境：产广东、广西、云南、贵州、四川。福建有栽培。德宏州各县市均有分布，生于山沟、溪旁或灌丛中，海拔 400 ~ 1500m。

资源利用：化学成分含有 β- 香树精、咖啡因、Caesalmin C、Caesalmin D、Caesalmin F、β- 谷甾醇、胡萝卜苷。种子入药，名"石莲子"，性寒无毒，有开胃、清心解热、除湿之效。民间用于治咽炎、无名肿毒、外敷蛇伤；叶可洗疮癫，治皮肤过敏等。

开发推广：可作为治疗咽喉炎的原料植物栽培。

部分复叶标本

花

果

花、果、枝叶

种子

八十五、马蹄香

学名：*Saruma henryi* Oliv.。

异名：冷水丹、高脚细辛、狗肉香、铜钱草、金钱草、落地金钱、山地豆、老虎耳、月姑草、假地豆。

科属：马兜铃科 Aristolochiaceae，马蹄香属 *Saruma*。

标本来源：盈江海拔 600～1600m 山谷林下和沟边草丛中。

形态和习性：多年生直立草本，茎高 50～100cm，被灰棕色短柔毛，根状茎粗壮，直径约 5mm；有多数细长须根。叶心形，长 6～15cm，顶端短渐尖，基部心形，两面和边缘均被柔毛；叶柄长 3～12cm，被毛。花单生，花梗长 2～5.5cm，被毛；萼片心形，长约 10mm，宽约 7mm；花瓣黄绿色，肾心形，长约 10mm，宽约 8mm，基部耳状心形，有爪；雄蕊与花柱近等高，花丝长约 2mm，花药长圆形，药隔不伸出；心皮大部离生，花柱不明显，柱头细小，胚珠多数，着生于心皮腹缝线上。蒴果蓇葖状，长约 9mm，成熟时沿腹缝线开裂。种子三角状倒锥形，长约 3mm，背面有细密横纹。

花期 4～7 月。

地理分布和生境：产于江西、湖北、河南、陕西、甘肃、四川及贵州等省。盈江县生于海拔 600～1600m 山谷林下和沟边草丛中。

资源利用：主要成分为马兜铃内酰胺 BII、7-甲氧基-马兜铃内酰胺 IV、马兜铃内酰胺 AII、马兜铃酸 I、胡萝卜苷、马兜铃酸 IV 等，具有多种生物活性，如镇痛、抗肿瘤、抗菌抗病毒活性。根状茎和根入药，治胃寒痛、关节疼痛；鲜叶外用治疮疡。

开发推广：自然条件下以种子和分株繁殖，繁殖力低，且因分布狭窄，种群数量稀少，又常遭人为采挖，已成渐危物种。采用组织培养方法，可获得大量种苗。

植株

八十六、干针万线草

学名：*Stellaria yunnanensis* Franch.。

异名：麦参、筋骨草、云南繁缕、小胖药。

科属：石竹科 Caryophyllaceae，繁缕属 *Stellaria*。

标本来源：陇川、盈江，海拔 1100 ~ 2200m 的路边、草坡。

形态和习性：多年生草本，高 30 ~ 80cm。根簇生，黑褐色，粗壮。茎直立，圆柱形，不分枝或分枝，无毛或被稀疏长硬毛。叶无柄，叶片披针形或条状披针形，长 3 ~ 5 (7) cm，宽 5 ~ 10 (15) mm，顶端渐尖，基部圆形或稍渐狭，下面微粉绿色，边缘具稀疏缘毛。二歧聚伞花序，疏散，无毛；苞片披针形，顶端渐尖，边缘膜质，透明；花梗细，直伸或稍下弯，长 1 ~ 2cm，果时更长；萼片披针形，长 4 ~ 5mm，顶端渐尖，边缘膜质，具明显 3 脉；花瓣 5 数，白色，稍短于萼片，2 深裂几达基部，裂片狭线形；雄蕊 10 枚；子房卵形，具多数胚珠；花柱 3，线形。蒴果卵圆形，稍短于宿存萼，顶端 6 齿裂，具 2 ~ 6 粒种子；种子褐色，肾脏形，略扁，具稀疏瘤状凸起。

花期 7 ~ 8 月，果期 9 ~ 10 月。

地理分布和生境：产云南（曲靖、昆明、大理、洱源、宾川、丽江、中甸、德钦）、四川（木里、乡城）。生于海拔 1800 ~ 3250m 的丛林或林缘岩石间。

资源利用：含有黄酮类、皂苷类、酚酸类、甾醇类、生物碱类、挥发油等化学成分。根可供药用，治妇女虚弱、小儿疳积、肾炎、风湿、骨折、老年尿频，有补气健脾、清肝活血之效。

开发推广：选择海拔 2100 ~ 2300m 的紫色砂页岩林下向阳坡地，年均气温 18 ~ 20℃，年降水量 900 ~ 1100mm 的砂质土壤作基地；再做墒与施肥，搭建棚温白天保持 15 ~ 20℃，夜间不低于 5℃ 的荫棚；用前一年或当年收的野生种子，按行距 13 ~ 20cm，穴距 10 ~ 15cm，每穴 6 ~ 8 株种植；再经中耕锄草，施肥，病虫害防治；成熟后选晴天将直根挖出，去净苗叶、泥土，洗净晒干，采根为药。

植株

药材（原料）

八十七、笔管草

学名：*Equisetum ramosissimum* Desf. subsp. *debile* Roxb. ex Vauch. Hauke。

异名：纤弱木贼、台湾木贼。

科属：木贼科 Equisetaceae，木贼属 *Equisetum*。

标本来源：陇川、盈江海拔 1100 ～ 2200m 的田边、沟渠边。

形态和习性：大中型植物。根茎直立和横走，黑棕色，节和根密生黄棕色长毛或光滑无毛。地上枝多年生。枝一型。高可达 60cm 或更多，中部直径 3 ～ 7mm，节间长 3 ～ 10cm，绿色，成熟主枝有分枝，但分枝常不多。主枝有脊 10 ～ 20 条，脊的背部弧形，有一行小瘤或有浅色小横纹；鞘筒短，下部绿色，顶部略为黑棕色；鞘齿 10 ～ 22 枚，狭三角形，上部淡棕色，膜质，早落或有时宿存，下部黑棕色革质，扁平，两侧有明显的棱角，齿上气孔带明显或不明显。侧枝较硬，圆柱状，有脊 8 ～ 12 条，脊上有小瘤或横纹；鞘齿 6 ～ 10 个，披针形，较短，膜质，淡棕色，早落或宿存。孢子囊穗短棒状或椭圆形，长 1 ～ 2.5cm，中部直径 0.4 ～ 0.7cm，顶端有小尖突，无柄。

地理分布和生境：产陕西、甘肃、山东、江苏、上海、安徽、浙江、江西、福建、台湾、河南、湖北、湖南、广东、香港、广西、海南、四川、重庆、贵州、云南、西藏。海拔 0 ～ 3200m。日本、印度、锡金、尼泊尔、缅甸、中南半岛、泰国、菲律宾、马来西亚、印度尼西亚、新加坡、新几内亚岛、新赫布里底群岛、新喀里多尼亚、斐济等有分布。

资源利用：全草入药，能收敛止血、利尿、发汗，并治疗眼疾；还可作为金工、木工的磨光材料。每 100g 笔管草嫩茎叶含蛋白质 3.2g、粗纤维 3.2g、胡萝卜素 6.54mg、尼克酸 1mg、抗坏血酸 51mg，可疏风止泪、明目退翳、清热利尿、祛痰止咳。

开发推广：①孢子繁殖：采下孢子后立即播于土壤表面，稍覆土保持湿度；②分茎繁殖：将根茎切成 3 ～ 6cm 长的节段，栽于土壤中，覆土 4 ～ 5cm，常浇水，易生根成活。

茎梢

生境

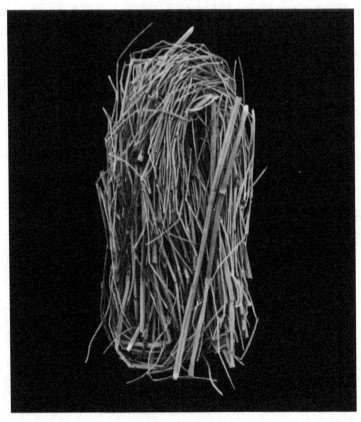

药材（原料）

八十八、半月形铁线蕨

学名：*Adiantum philippense* L.。

异名：菲岛铁线蕨、Guha（傣语）、Ken mu gezhi（景颇语）。

科属：铁线蕨科 Adiantaceae，铁线蕨属 *Adiantum*。

标本来源：瑞丽海拔 800 ～ 1200m 林缘和溪边。

形态和习性：多年生草本，植株高 15 ～ 50cm。根状茎短而直立，被褐色披针形鳞片。叶簇生；柄长 6 ～ 15cm，粗可达 2mm，栗色，有光泽，基部被相同的鳞片，向上光滑；叶片披针形，长 12 ～ 25cm，宽 3 ～ 6.5cm，奇数一回羽状；羽片 8 ～ 12 对，互生，斜展，相距 1.5 ～ 2.5cm，彼此疏离，中部以下各对羽片大小几相等，长 2 ～ 4cm，中部宽 1 ～ 2.3cm，对开式的半月形或半圆肾形，先端圆钝或向下弯，上缘圆形，能育叶的边缘近全缘或具 2 ～ 4 浅缺刻，或为微波状，不育叶的边缘具波状浅裂，裂片先端圆钝，具细锯齿，下缘全缘，截形或略向下弯，罕为阔楔形，两侧不对称，具长柄（长 1 ～ 1.5cm），着生于羽片下缘的中下部或 1/3 处，常与下缘以锐角相交，柄端具关节，老时羽片易从关节脱落而柄宿存，上部羽片与下部羽片同形而略变小，顶生羽片扇形，略大于其下的侧生羽片。叶脉多回二歧分叉，直达边缘，两面均明显。叶干后草质，草绿色或棕绿色，两面均无毛；羽轴、羽柄均与叶柄同色，有光泽，无毛，叶轴先端往往延长成鞭状，着地生根，行无性繁殖。孢子囊群每羽片 2 ～ 6 枚，以浅缺刻分开；囊群盖线状长圆形，上缘平直或微凹，膜质，褐色或棕绿色，全缘，宿存。孢子周壁具明显的细颗粒状纹饰，处理后易破裂和脱落。

地理分布和生境：产台湾（台北）、广东（乐昌、惠阳、罗浮山、花县、广州、阳春、高州）、海南、广西（百色、德保、横县、容县）、贵州（册亨、安龙）、四川（屏山、米易、冕宁、盐边）、云南（临沧、大姚、漾濞、禄劝、河口、凤仪、莲山、思茅、允景洪、勐海、麻栗坡、富宁、新平、景东、版纳易武、芒市、瑞丽、盈江、梁河）。群生于较阴湿处或林下酸性土上，海拔 240 ～ 2000m。也广布于亚洲其他热带及亚热带的越南、缅甸、泰国、马来西亚、印度、印度尼西亚、菲律宾，并达热带非洲及大洋洲。

资源利用：全草含挥发油、黄酮类、糖类和鞣质。叶中的黄酮类化合物有黄芪甙、异槲皮甙、烟花甙、山柰酚 -3- 葡萄糖醛酸甙、芸香甙和槲皮素 -3- 葡萄糖醛酸甙。具清热、祛风、利尿、消肿功效，治咳嗽吐血、风湿痹痛、淋浊、带下、痢疾、乳肿和风痒湿疹。本种生长在 pH 为 4.5 ~ 5.0 的土壤上，是酸性红黄壤的指示植物。

开发推广：除用孢子进行有性繁殖外，还可以利用根、根状茎和叶片及其产生的无性芽孢或顶端分生组织进行无性繁殖产生新的植株。将半月形铁线蕨置于温暖湿润的环境中养护，待到植株生长至比较健壮时，鞭叶体生长并长出小植株体，待小植株叶片达到 2 ~ 3 片以后，即可进行小植株的单独种植工作。可视为无性珠芽的成熟体，此时便可开展相应的繁殖工作。期间注意保持栽培环境足够的温度和湿度，温度 10 ~ 25℃，空气湿度 60% ~ 90%。将带有繁殖体的鞭叶剪下，并将成熟的植株体剪下，并放于容器内，可放入少量水，以免植株体脱水、保持水分，等待种植。选择大小合适的种植盆，进行珠芽的种植。不要将珠芽埋得太深。如小植株体的根系已较长，在种植时应有向上提、并压土的动作，以免植株根系不舒张而蜷缩。最后进行浸水湿润。株芽种植初期，要绝对控制温湿度，温度保持在 20℃ 左右，空气湿度为 80% ~ 90%。为了确保这些条件，可以选用保鲜袋进行套袋处理，抑或是保鲜膜覆盖，以达到湿度要求。每天进行观察并进行水分的补充。勿在株芽未生根稳定前施肥。

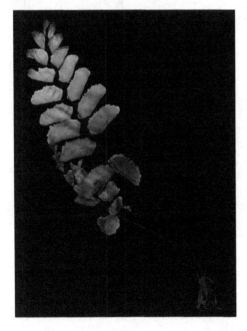

标本

中草药材（原料）

八十九、少花龙葵

学名：*Solanum photeinocarpum* Nakamura et S. Odashima。

异名：苦凉菜、白花菜、古钮菜、扣子草、打卜子、古钮子、衣扣草、痣草、乌点规、钮草、钮仔草、乌目菜、乌疗草、点归菜、乌归表、七粒扣、五宅茄、Youdondou（傣语）。

科属：茄科 Solanaceae，茄属 *Solanum*。

标本来源：全州各县市，生于房前屋后、旷地。

形态和习性：纤弱草本，茎无毛或近于无毛，高约 1m。叶薄，卵形至卵状长圆形，长 4～8cm，宽 2～4cm，先端渐尖，基部楔形下延至叶柄而成翅，叶缘近全缘，波状或有不规则的粗齿，两面均具疏柔毛，有时下面近于无毛；叶柄纤细，长 1～2cm，具疏柔毛。花序近伞形，腋外生，纤细，具微柔毛，着生 1～6 朵花，总花梗长 1～2cm，花梗长 5～8mm，花小，直径约 7mm；萼绿色，直径约 2mm，5 裂达中部，裂片卵形，先端钝，长 1mm，具缘毛；花冠白色，筒部隐于萼内，长不及 1mm，冠檐长 3.5mm，5 裂，裂片卵状披针形，长 2.5mm；花丝极短，花药黄色，长圆形，长 1.5mm，为花丝长度的 3～4 倍，顶孔向内；子房近圆形，直径不及 1mm，花柱纤细，长 2mm，中部以下具白色绒毛，柱头小，头状。浆果球状，直径 5mm，幼时绿色，成熟后黑色；种子近卵形，两侧压扁，直径 1～1.5mm。全年均开花结果。

地理分布和生境：德宏州各县市，生于房前屋后、旷地；产我国云南南部、江西、湖南、广西、广东、台湾等地的溪边、密林阴湿处或林边荒地。分布于马来群岛。

资源利用：少花龙葵叶可供蔬食，有清凉散热之功，并可兼治喉痛。以嫩茎叶供食，由于富含维生素 A（3783mg/100g 鲜样）、维生素 C（62.44mg/100g 鲜样）和钙（233.96mg/100g 鲜样），并具有抗炎消肿、镇咳祛痰及利尿等保健功效，加之植株很少发生病虫害且抗热，因此是一种极具开发潜力的、适于夏淡季供应的、清洁无污染的优质保健蔬菜。少花龙葵嫩茎叶可开水氽烫后凉拌、姜爆、作羹汤，也可涮食作火锅配料。

开发推广：少花龙葵可在无霜期内进行栽培，华北地区从 4 月中下旬至 10 月下旬均可栽培，一般可提前在保护地育苗，苗龄 30～50d，晚霜过后定植，行距 50～60cm，株距 45～50cm，当株高长到 25～30cm 时，即可采摘嫩梢上市，采收期一直可延至深秋。

花

植株

九十、山奈

学名：*Kaempferia galanga* L.。

异名：沙姜、山辣、三奈子、三赖、三籁、三奈、大料、土香、Wan jiu ma（傣语）、Gao bian（景颇语）、wo chang（景颇-载瓦）。

科属：姜科 Zingiberaceae，山奈属 *Kaempferia*。

标本来源：各县市热带林下栽培。

形态和习性：根茎块状，单生或数枚连接，淡绿色或绿白色，芳香。叶通常2片贴近地面生长，近圆形，长 7～13cm，宽 4～9cm，无毛或于叶背被稀疏的长柔毛，干时于叶面可见红色小点，几无柄；叶鞘长 2～3cm。花 4～12 朵顶生，半藏于叶鞘中；苞片披针形，长 2.5cm；花白色，有香味，易凋谢；花萼约与苞片等长；花冠管长 2～2.5cm，裂片线形，长 1.2cm；侧生退化雄蕊倒卵状楔形，长 1.2cm；唇瓣白色，基部具紫斑，长 2.5cm，宽 2cm，深 2 裂至中部以下；雄蕊无花丝，药隔附属体正方形，2 裂。果为蒴果。

花期 8～9 月。

地理分布和生境：我国台湾、广东、广西、云南（德宏各县市均有栽培）等省区有栽培，南亚至东南亚地区也有。

资源利用：根茎所含挥发油的主要成分为龙脑、甲基对位邻羟基桂皮酸乙酯、桂皮酸乙酯、十五烷及少量桂皮醛等。根茎为芳香健胃剂，有散寒、去湿、温脾胃、辟恶气的功用；也可作调味香料。从根茎中提取出来的芳香油，可作调香原料，定香力强。

开发推广：选温暖、阳光充足、土地湿润，便于排、灌水的地方种植；土壤以疏松、肥沃的砂质壤上和壤土为好。将土地深翻整细耙平，开 133cm 宽的高畦后，每公顷施堆肥 22 500kg 左右，油渣、过磷酸钙各 600～750kg 于畦面上，施肥后再翻土一次，耙细整平，待打窝栽种。

用块茎繁殖。收获时选健壮、无病虫害及未受冻害的沙姜作种，晾干表皮水汽后，在室内或室外储藏均可。室内储藏的方法如下：在干燥处用干细沙和姜分层堆藏，堆放时底部先铺一层沙再分层放种姜，如此层层堆放，堆高 100cm 即可；室外储藏的方法如下：在干燥处挖宽约 100cm、深 50cm、长随储种数量而定的坑，先将坑内垫上一层沙再放种姜，一层沙一层种姜，这样依次进行，高约34cm，上盖细沙 13 ~ 17cm，最后盖草或塑料薄膜，以防冬春雨雪浸入坑内引起烂种。

　　于 4 月中旬栽种为最佳，用窝栽或厢上开横沟栽种均可，但以窝栽为好。将种姜按其自然分叉状况，分成单丫栽种。在厢上按行窝距 27cm×27cm 挖窝，深16cm 左右，每窝栽种姜 3 个，按品字形排放，每公顷用种量 3000kg 左右，栽后每公顷施人畜粪水 30000kg 左右于窝中，然后盖土将厢平整齐，盖土厚度 10cm 左右，土盖薄了，山柰块茎生长瘦小，须根增多，影响产量和质量。

中药饮片

九十一、竹叶子

学名：*Streptolirion volubile* Edgew.。

异名：水百步还魂、大叶竹菜、猪鼻孔、酸猪草、小竹叶菜、笋壳菜、叶上花、小青竹标。

科属：鸭跖草科 Commelinaceae，竹叶子属 *Streptolirion*。

标本来源：盈江海拔 1100～3000m 的山谷、杂林或密林下。

形态和习性：多年生攀援草本，极少茎近于直立。茎长 0.5～6m，常无毛。叶柄长 3～10cm，叶片心状圆形，有时心状卵形，长 5～15cm，宽 3～15cm，顶端常尾尖，基部深心形，上面多少被柔毛。蝎尾状聚伞花序有花 1 至数朵，集成圆锥状，圆锥花序下面的总苞片叶状，长 2～6cm，上部的小而卵状披针形。花无梗；萼片长 3～5mm，顶端急尖；花瓣白色、淡紫色而后变白色，线形，略比萼长。蒴果长 4～7mm，顶端有长达 3mm 的芒状突尖。种子褐灰色，长 2.5mm。

花期 7～8 月，果期 9～10 月。

地理分布和生境：德宏州生于海拔 1100～3000m 的山谷、杂林或密林下。产勐腊、勐海、勐连、普洱、元江、峨山、临沧、漾濞、鹤庆、泸水、兰坪、贡山、福贡、麻栗坡、文山、江川、安宁、寻甸、会泽等地。分布于我国西南、中南、湖北、浙江、甘肃、陕西、山西、河北及辽宁。不丹、老挝、越南、朝鲜和日本也有。

资源利用：具有清热、利水、解毒、化瘀功效。主治感冒发热、肺痨咳嗽、口渴心烦、水肿、热淋、白带、咽喉疼痛、痈疮肿毒、跌打损伤、风湿骨痛。

开发推广：可作为野生蔬菜、中药材原料驯化栽培。

茎、叶标本

茎、叶

蔬菜

九十二、薄荷

学名：*Mentha haplocalyx* Briq.。

异名：野薄荷、南薄荷、夜息香、野仁丹草、见肿消、水薄荷、水益母、Buan ho long（傣语）、Ge la pe lin（景颇语）、Ge la ang nan（景颇 - 载瓦）。

科属：唇形科 Labiatae，薄荷属 *Mentha*。

标本来源：各县市 800 ~ 1500m 的水边潮湿地。

形态和习性：多年生草本。茎直立，高 30 ~ 60cm，下部数节具纤细的须根及水平匍匐根状茎，锐四棱形，具四槽，上部被倒向微柔毛，下部仅沿棱上被微柔毛，多分枝。叶片长圆状披针形，披针形、椭圆形、卵状披针形或稀长圆形，长 3 ~ 5（7）cm，宽 0.8 ~ 3cm，先端锐尖，基部楔形至近圆形，边缘在基部以上疏生粗大的牙齿状锯齿，侧脉 5 ~ 6 对，与中肋在上面微凹陷下面显著，上面绿色；沿脉上密生余部疏生微柔毛，或除脉外余部近于无毛，上面淡绿色，通常沿脉上密生微柔毛；叶柄长 2 ~ 10mm，腹凹背凸，被微柔毛。轮伞花序腋生，轮廓球形，花时径约 18mm，具梗或无梗，具梗时梗可长达 3mm，被微柔毛；花梗纤细，长 2.5mm，被微柔毛或近于无毛。花萼管状钟形，长约 2.5mm，外被微柔毛及腺点，内面无毛，10 脉，不明显，萼齿 5，狭三角状钻形，先端长锐尖，长 1mm。花冠淡紫，长 4mm，外面略被微柔毛，内面在喉部以下被微柔毛，冠檐 4 裂，上裂片先端 2 裂，较大，其余 3 裂片近等大，长圆形，先端钝。雄蕊 4 枚，前对较长，长约 5mm，均伸出于花冠之外，花丝丝状，无毛，花药卵圆形，2 室，室平行。花柱略超出雄蕊，先端近相等 2 浅裂，裂片钻形。花盘平顶。小坚果卵珠形，黄褐色，具小腺窝。

花期 7 ~ 9 月，果期 10 月。

地理分布和生境：产南北各地；生于水旁潮湿地，海拔可高达 3500m。热带亚洲、俄罗斯远东地区、朝鲜、日本及北美洲（南达墨西哥）也有。

资源利用：幼嫩茎尖可作菜食，全草又可入药，治感冒发热喉痛、头痛、目赤痛、皮肤风疹瘙痒、麻疹不透等症，此外对痛、疽、疔、癣、漆疮也有效。新鲜茎叶含油量为 0.8% ~ 1.0%，干品含油量为 1.3% ~ 2.0%，油称薄荷油或薄荷原油。原油主要用于提取薄荷脑（含量 77% ~ 87%），薄荷脑用于糖果饮料、牙膏、牙粉及皮肤黏膜局部镇痛剂的医药制品（如仁丹、清凉油、一心油），提取薄荷脑后的油叫薄荷素油，也大量用于牙膏、牙粉、漱口剂、喷雾香精及医药制品等。晒干的薄荷茎叶也常用作食品的矫味剂和制作清凉食品饮料，有祛风、兴奋、发汗等功效。

开发推广：薄荷可利用种子繁殖，但生产上大多采用根茎繁殖、插枝繁殖、分株繁殖等无性繁殖方式。其中以分株繁殖法简单易行而广为应用，其方法如下：选择没有病虫害的健壮母株，使其匍匐茎与地面紧密接触，浇水、追肥两次，每亩施尿素 10 ~ 15kg。待茎节产生不定根后，将每一节剪开，每一分株就是一株秧苗。种植前每亩施腐熟有机肥 2000 ~ 2500kg 作基肥，深翻土地，耙平整细，开沟作畦，畦宽连沟 1.5m。定植时要按行株距 50cm×35cm 栽植，每穴 1 株。

植株

叶

中药饮片

九十三、宽叶荨麻

学名：*Urtica laetevirens* Maxim.。

异名：哈拉海、蝎子草、螫麻子、痒痒草、荨麻、虎麻草。

科属：荨麻科 Urticaceae，荨麻属 *Urtica*。

标本来源：瑞丽市弄岛镇。

形态和习性：多年生草本，根状茎匍匐。茎纤细，高 30～100cm，节间常较长，四棱形，近无刺毛或有稀疏的刺毛和疏生细糙毛，在节上密生细糙毛，不分枝或少分枝。叶常近膜质，卵形或披针形，向上的常渐变狭，长 4～10cm，宽 2～6cm，先端短渐尖至尾状渐尖，基部圆形或宽楔形，边缘除基部和先端全缘外，有锐或钝的牙齿或牙齿状锯齿，两面疏生刺毛和细糙毛，钟乳体常短杆状，有时点状，基出脉 3 条，其侧出的一对多少弧曲，伸达叶上部齿尖或与侧脉网结，侧脉 2～3 对；叶柄纤细，长 1.5～7cm，向上的渐变短，疏生刺毛和细糙毛；托叶每节 4 枚，离生或有时上部的多少合生，条状披针形或长圆形，长 3～8mm，被微柔毛。雌雄同株，稀异株，雄花序近穗状，纤细，生上部叶腋，长达 8cm；雌花序近穗状，生下部叶腋，较短，纤细，稀缩短成簇生状，小团伞花簇稀疏地着生于序轴上。雄花无梗或具短梗，在芽时直径约 1mm，开放后直径约 2mm；花被片 4，在近中部合生，裂片卵形，内凹，外面疏生微糙毛；退化雌蕊近杯状，顶端凹陷至中空，中央有柱头残迹，基部多少具柄；雌花具短梗。瘦果卵形，双凸透镜状，长近 1mm，顶端稍钝，熟时变灰褐色，多少有疣点，果梗上部有关节；宿存花被片 4，在基部合生，外面疏生微糙毛，内面 2 枚椭圆状卵形，与果近等大，外面 2 枚狭卵形，或倒卵形，伸达内面花被片的中下部。

花期 6～8 月，果期 8～9 月。

地理分布和生境：德宏州生于海拔 800～3500m 山谷溪边或山坡林下阴湿处。分布于山西、河北、内蒙古、东北地区。产辽宁、内蒙古、山西、河北、山东、河南、陕西、甘肃、青海东南部、安徽（岳西）、四川、湖北、湖南、云南和西藏东南部。

资源利用：从宽叶荨麻地上部分分离并鉴定出 13 个化合物，分别为 3β- 羟基 -5- 烯 - 欧洲桤木烷醇、豆甾 -4- 烯 -3- 酮、1,3- 二肉豆蔻酸 -2- 山梨酸～甘油三酯、α- 香树脂醇、β- 香树脂醇、羽扇豆烷醇、4- 羟基苯甲酸、正二十八烷醇、正二十八烷酸甲酯、十六烷酸、十一烷酸、胡萝卜苷、β-谷甾醇。用于风湿关节痛，产后抽风，小儿惊风，小儿麻痹后遗症，高血压，消化不良，大便不通；外用治荨麻疹初起，蛇咬伤。

开发推广：播种繁殖。种子细小而坚硬，一般春季播种，夏播也可，种子适宜发芽温度一般在23℃以上。播种前，土壤要深耕、整细、整平并施足基肥，然后将种子拌以细土，进行撒播，可不覆土。出苗时间，以温度、湿度及深度的不同而异。为提早出苗，最好采取苗床育苗。当幼苗长至15cm以上时，就开始有刺激功能，所以在移栽或定植时，应戴上帆布或胶皮手套，脚穿胶鞋，避免皮肤外露。在老株周围长出新芽后，随着新芽的生长，上部老茎陆续枯死，需要进行分株。分株可在冬春进行，整株挖起，剪下芽苗，随后按20cm的株距栽植于田园四周，当年就可起到防护作用。为避免影响主要作物的生长及管理，可将其伸长的枝叶有计划地剪除，也可用木棍挡开该草的茎秆。

叶标本

叶

蔬菜

九十四、大花菟丝子

学名：*Cuscuta reflexa* Roxb.。

异名：金丝藤、无娘藤、蛇系腰、无根花、黄藤草、云南菟丝子、反曲菟丝子、红无娘藤、金丝藤、无根花、展瓣菟丝子。

科属：旋花科 Convolvulaceae，菟丝子属 *Cuscuta*。

标本来源：全州各县市，寄生于海拔 900 ~ 2800m 的路旁或沟边灌丛。

形态和习性：寄生草本，茎缠绕，黄色或黄绿色，较粗壮，直径可达 2 ~ 3mm，无叶，有褐色斑。花序侧生，少花或多花着生成总状或圆锥状，长 1.5 ~ 3cm，基部常分枝，无总花梗；苞片及小苞片均小，鳞片状；花梗长 2 ~ 4mm，连同花序轴均具褐色斑点或小瘤；花萼杯状，基部连合，裂片 5，近相等，宽卵形，长 2 ~ 2.5mm，顶端圆，背面有少数褐色瘤突；花冠白色或乳黄色，芳香，筒状，长 5 ~ 9mm，裂片三角状卵形，约为花冠管长的 1/3，通常向外反折，或有时直立，早落；雄蕊着生于花冠喉部，花丝比花药短得多，花药长卵形；鳞片长圆形，长达花冠管中部，边缘呈短而密的流苏状；子房卵状圆锥形，花柱 1，极短，柱头 2，舌状长圆形。蒴果圆锥状球形，成熟时近方形，顶端钝，直径达 1cm，果皮稍肉质。种子长圆形，长约 4mm，黑褐色。

地理分布和生境：产湖南、四川、云南、西藏。生于海拔 900 ~ 2800m，德宏州常见寄生于路旁或山谷灌木丛。分布于阿富汗、巴基斯坦、经印度、泰国、斯里兰卡至马来西亚。

资源利用：目前从大花菟丝子中提取的有效化学成分有岩白菜素、阿马别林、β- 谷甾醇、豆甾醇、山奈酚、半乳糖醇、杨梅酮、槲皮素、香豆素和齐墩果酸等。大花菟丝子具有止痉、抗惊厥、抗类固醇生成、降血压、助肌肉松弛、强心、利尿、抗病毒、抗菌、抗氧化及助毛发生长等一系列药用作用。

开发推广：可用种子繁殖和茎无性繁殖，用种子繁殖在 6 月上、中旬；无性繁殖可挖取生长菟丝子的寄主，移入地内，或选择阴天采菟丝子茎散布于寄主上；菟丝子生育期 100d 左右，10 月中旬成熟，当菟丝子果壳变黄时，连同豆棵一起割下、晒干、脱粒，将菟丝子筛出，除净果壳及杂质，晒干即成商品。

花、茎

盘线丛生态植株

九十五、菟丝子

学名：*Cuscuta chinensis* Lam.。

异名：黄丝、龙须子、山麻子、鸡血藤、黄丝藤、无叶藤、无根藤、吐丝子、萝丝子、豆寄生、无根草、黄丝。

科属：旋花科 Convolvulaceae，菟丝子属 *Cuscuta*。

标本来源：全州各县市，寄生于海拔 900 ~ 3000m 的植物上。

形态和习性：一年生寄生草本。茎缠绕，黄色，纤细，直径约 1mm，无叶。花序侧生，少花或多花簇生成小伞形或小团伞花序，近于无总花序梗；苞片及小苞片小，鳞片状；花梗稍粗壮，长仅 1mm 许；花萼杯状，中部以下连合，裂片三角状，长约 1.5mm，顶端钝；花冠白色，壶形，长约 3mm，裂片三角状卵形，顶端锐尖或钝，向外反折，宿存；雄蕊着生花冠裂片弯缺微下处；鳞片长圆形，边缘长流苏状；子房近球形，花柱 2，等长或不等长，柱头球形。蒴果球形，直径约 3mm，大部分为宿存的花冠所包围，成熟时整齐的周裂。种子 2 ~ 49 粒，淡褐色，卵形，长约 1mm，表面粗糙。

地理分布和生境：产黑龙江、吉林、辽宁、河北、山西、陕西、宁夏、甘肃、内蒙古、新疆、山东、江苏、安徽、河南、浙江、福建、四川、云南等地。德宏州生于海拔 900 ~ 3000m 的田边、山坡阳处、路边灌丛或海边沙丘，通常寄生于豆科、菊科、蒺藜科等多种植物上。分布于伊朗、阿富汗，向东至日本、朝鲜，南至斯里兰卡、马达加斯加、澳大利亚。

资源利用：菟丝子种子含槲皮素、紫云、金丝桃甙及槲皮素-3-O-β-D- 半乳糖-7-O-β- 葡萄糖甙。种子药用，有补肝肾、益精壮阳、止泻的功能。具有补肾益精、养肝明目、固胎止泄之功效。

开发推广：应选择中性砂壤灰钙土和黑钙土，土质疏松、肥沃，排水良好。整地前每亩施有机肥 2 ~ 3t 或复合肥 6 ~ 8kg 加尿素 3 ~ 5kg，深施入土壤中。播前先将精选的胡麻种子每亩 6 ~ 7kg，拌 25% 多菌灵种子用量的 4‰ ~ 5‰ 或 70% 甲基托布津 2‰ ~ 3‰，加辛硫磷 1‰ 适当对水湿拌、堆闷 5 ~ 6h 晾干待播，可防枯萎病和地下害虫。菟丝子种子每亩用种量为 0.5 ~ 0.7kg，与胡麻种子每亩 6 ~ 7kg 充分拌匀，用 24 行播种机，带种肥复合肥 3kg、尿素 1kg 播种。播种时要带镇压器，播前播后镇压，播种深度 2 ~ 3cm，不宜过深，否则影响出苗。

枝叶标本

花

果（一）

果（二）

中药饮片

九十六、金灯藤

学名：*Cuscuta japonica* Choisy。

异名：日本菟丝子、飞来花。

科属：旋花科 Convolvulaceae，菟丝子属 *Cuscuta*。

标本来源：瑞丽、陇川、盈江，寄生于 700 ~ 2000m 的植物上。

形态和习性：一年生寄生缠绕草本，茎较粗壮，肉质，直径 1 ~ 2mm，黄色，常带紫红色瘤状斑点，无毛，多分枝，无叶。花无柄或几无柄，形成穗状花序，长达 3cm，基部常多分枝；苞片及小苞片鳞片状，卵圆形，长约 2mm，顶端尖，全缘，沿背部增厚；花萼碗状，肉质，长约 2mm，5 裂几达基部，裂片卵圆形或近圆形，相等或不相等，顶端尖，背面常有紫红色瘤状突起；花冠钟状，淡红色或绿白色，长 3 ~ 5mm，顶端 5 浅裂，裂片卵状三角形，钝，直立或稍反折，短于花冠筒 2 ~ 2.5 倍；雄蕊 5 枚，着生于花冠喉部裂片之间，花药卵圆形，黄色，花丝无或几无；鳞片 5，长圆形，边缘流苏状，着生于花冠筒基部，伸长至冠筒中部或中部以上；子房球状，平滑，无毛，2 室，花柱细长，合生为 1，与子房等长或稍长，柱头 2 裂。蒴果卵圆形，长约 5mm，近基部周裂。种子 1 ~ 2 粒，光滑，长 2 ~ 2.5mm，褐色。

花期 8 月，果期 9 月。

地理分布和生境：分布于我国南北各省区。寄生于 700 ~ 2000m 草本或灌木上。越南、朝鲜、日本也有。

资源利用：种子药用，功效同菟丝子。其寄生习性对一些木本植物造成危害。金灯藤种子主要含有 β- 谷甾醇、棕榈酸、饱和脂肪酸混合物、硬脂酸、花生酸、胡萝卜甙、羟基马桑毒素、对羟基桂皮酸、马桑亭、咖啡酸。具有清热、凉血、利水、解毒功效。用于治疗吐血、衄血、便血、血崩、淋浊、带下、痢疾、黄疸、痈疽、疔疮、热毒痱疹。

开发推广：可用种子繁殖和茎无性繁殖，用种子繁殖在 6 月上、中旬；无性繁殖可挖取生长菟丝子的寄主，移入地内，或选择阴天采菟丝子茎散布于寄主上；菟丝子生育期 100d 左右，10 月中旬成熟。

花（一）　　　　　　　　　　　　花（二）

植株

九十七、铁皮石斛

学名：*Dendrobium officinale* Kimura et Migo。

异名：细黄草、黑节草、紫皮兰、白花石斛、Han lan wan（傣语）。

科属：兰科 Orchidaceae，石斛属 *Dendrobium*。

标本来源：附生兰，各省市，附生于海拔 700 ~ 2500m 的林中树干、石壁上。

形态和习性：多年生树干附生或岩石附生草本。茎干直立丛生，细圆柱形，长达 35cm，径粗 2 ~ 4mm；茎基粗实，翠绿色，节紫红色，节处常有紫黑色环状间隙（故称黑节草）；节间长 1 ~ 4cm，覆被膜质叶鞘，略短于节间，紧抱茎，干后稍弛张。单叶互生在茎顶节上，叶片长披针形似竹叶，长 2 ~ 5cm，宽 0.5cm，全缘先端尖，两侧不等，叶基钝圆，叶面鲜绿，背面淡绿，中脉及叶缘略紫红色，几无柄。顶生聚伞花序与顶生叶对生，有 1 ~ 3 朵小花；花序梗长约 1cm，苞片 3 枚，干膜质淡白色；每花下有 1 膜质苞片，白色；小花绿白色，萼 3 枚，狭披针形；花瓣 3 数，两侧瓣披针形，唇瓣卵三角形，绿白色，基部有紫色斑块。果为蒴果，连柄长约 3cm，鲜时绿色，干后变为黑绿色，种子粉末状，极多数，黄色。

花期 4 ~ 5 月，果期 5 ~ 6 月。

地理分布和生境：石斛属在全球约有 1500 种，在中国有近 80 种。国内石斛自然分布在福建、云南、广东、贵州、广西、台湾等地。其中，云南有 50 多种，在德宏地区有 40 余种。20 世纪 70 年代以来，药用石斛热席卷各地，包括云南在内的相关地区做了大量的关于人工栽培和迁地保护的工作。

德宏州各县市都有石斛的自然分布，其属于国家三级保护植物，从海拔 700 ~ 2500m 的热带雨林到亚热带常绿阔叶林的林内树干或石壁上都有可能生长，其要求温暖、无霜冻、水湿充分、排水良好的林内半荫蔽的立地环境。

资源利用：石斛属的数十种植物具有保健作用，普遍具有观姿、赏花的价值。铁皮石斛的茎花具有两种功效，但以药用保健价值为重。它是中药中清热、养阴、生津、止渴、退痨热的名贵药材和保健饮料。其在药材市场上的主要产品类型有：①鲜条（茎）直销；②西枫斗，用石斛茎加工后的产品；③精深加工产品，包括口服液、胶囊（丸）、浸膏、纯石斛茎粉末，以及添加维生素、人参、灵芝、糖等的复合保健品。另外，也有用其干花作为保健品进入市场销售的。国内外研究人员曾对石斛植物的化学成分和药理作用开展研究，已知有用的化学成分有：

①石斛碱；②芴酮类化合物；③菲类和联苄类化学物；④倍半萜类化合物；⑤青豆素类化合物等。它们的药理作用有：①免疫调节活性；②抗肿瘤活性；③抗氧化活性；④治疗白内障；⑤降血糖作用；⑥调节心血管系统作用等。所以石斛资源具有极高的药用价值和开发价值。

药用石斛的商品名一般俗称为大小黄草、紫草、扁草、水草、枫斗等，由不同种石斛加工而成。枫斗主要由铁皮石斛茎条加工而成，称铁皮枫斗，还有其他石斛加工的紫皮枫斗。

石斛除作药材外，还是四大观赏兰花之一，被国内外誉为"父亲之花"，有慈爱、勇敢、纯洁、吉祥、祝福之意。包括铁皮石斛在内的石斛花花姿优美，奇特多样，既艳丽多彩，又清新淡雅，在国内外市场上占有重要的位置。国际市场以泰国盛产，我国近年也有大量栽培和发展。云南省德宏热带农业科学研究所李桂琳等（2014）作过调查，其共有40种，已鉴定35种，划分茎、叶、花等观赏类型，如铁皮石斛、金钗石斛、兜唇石斛、球花石斛等被列为集观赏造景、药用保健的多用途之列。

开发推广：21世纪以来，德宏州各县市的石斛种植面积已位于全国前列。其中，铁皮石斛种植面积占总面积的一半，居首位；其次是金钗石斛、齿瓣石斛、鼓槌石斛等。

石斛种植基本用无性繁殖方法，常采用分株繁殖、扦插繁殖、分枝繁殖等方法。无论哪种方法，都必须选择在茂密森林中有苔藓生长的树干或山涧石壁上进行，这样既满足其根系的固着和吸湿，又不妨碍气生根的通气要求。有经验认为，阔叶树的锯木屑拌以粗泥炭细粒作石斛的培养基是理想的苗床。扦插分株等繁殖方法用种量大，制约大面积生产，成本也高，已有不少企业采用组培育苗的方法加快种苗繁殖，也较容易获得效果。

石斛规模栽培，须搭造遮阴棚架，控制棚内的温度、湿度，并追施一定的肥料。至目前石斛栽培的病虫害不很严重，作为药材栽培管理应强调不要使用化学农药，保障绿色有机生产，确有必要也应研究使用植物（生物）农药。

花

植株

九十八、球花石斛

学名：*Dendrobium thyrsiflorum* Rchb. f.。

异名：粗黄草。

科属：兰科 Orchidaceae，石斛属 *Dendrobium*。

标本来源：附生于瑞丽珍稀植物园的常绿阔叶林树干上。

形态和习性：茎直立或斜立，圆柱形，粗状，长 12 ~ 46cm，粗 7 ~ 16mm，基部收狭为细圆柱形，不分枝，具数节，黄褐色并且具光泽，有数条纵棱。叶 3 ~ 4 枚互生于茎的上端，革质，长圆形或长圆状披针形，长 9 ~ 16cm，宽 2.4 ~ 5cm，先端急尖，基部不下延为抱茎的鞘，但收狭为长约 6mm 的柄。总状花序侧生于带有叶的老茎上端，下垂，长 10 ~ 16cm，密生许多花，花序柄基部被 3 ~ 4 枚纸质鞘；花苞片浅白色，纸质，倒卵形，长 10 ~ 15mm，宽 5 ~ 13mm，先端圆钝，具数条脉，干后不席卷；花梗和子房浅白色带紫色条纹，长 2.5 ~ 3cm；花开展，质地薄，萼片和花瓣白色；中萼片卵形，长约 1.5cm，宽 8mm，先端钝，全缘，具 5 条脉；侧萼片稍斜卵状披针形，长 1.7cm，宽 7mm，先端钝，全缘，具 5 条脉；萼囊近球形，宽约 4mm；花瓣近圆形，长 14mm，宽 12mm，先端圆钝，基部具长约 2mm 的爪，具 7 条脉和许多支脉，基部以上边缘具不整齐的细齿；唇瓣金黄色，半圆状三角形，长 15mm，宽 19mm，先端圆钝，基部具长约 3mm 的爪，上面密布短绒毛，背面疏被短绒毛；爪的前方具 1 枚倒向的舌状物；蕊柱白色，长 4mm；蕊柱足淡黄色，长 4mm；药帽白色，前后压扁的圆锥形。

花期 4 ~ 5 月。

地理分布和生境：产云南东南部经南部至西部（屏边、金平、马关、勐海、思茅、普洱、墨江、景东、沧源、澜沧、墨江、腾冲一带）。云南德宏地区主要分布于海拔 700 ~ 2000m 的亚热带山林，附生在树木上。世界范围内分布于印度东北部、缅甸、泰国、老挝、越南。

资源利用：球花石斛为常用中药材，用于治疗热病伤津、口干烦渴、病后虚热等多种病症，具有滋阴清热、生津益胃、润肺止咳等功效。现代药理学研究表明，球花石斛中含香豆素类、肉桂酸苷类、蒽醌苷类、菲类、联苄类、芴酮类、黄酮类、倍半萜类、三萜类、多糖类、甾体类及挥发油等多种生物活性化合物。香豆素类成分为其有效成分之一，含量较高的香豆素类化合物为滨蒿内酯和泽兰内酯，该成分除有明显的保肝利胆功效外，还具有松弛平滑肌、扩张血管、抗凝血、抗骨质疏松、抗心律失常、降血压、增强人体免疫功能等作用；菲类化合物是抗肿瘤的重要活性成分，主要是菲和二氢菲，以及少量的二聚体和菲醌；谷甾醇和豆甾醇还具有明显的消炎、降血脂、抗肿瘤、抗溃疡等作用；挥发油中的长链烷烃和植物甾醇类化合物，也有保护心血管的作用。可见球花石斛具有抗肿瘤、抗衰老、增强人体免疫力和扩张血管等作用，具有很高的开发利用价值。

    开发推广：球花石斛天然授粉率很低，自然结实的种子远远满足不了当下生产性栽培的需求。通过接种种胚进行组织培养，可以在短时间内得到大量的种苗，满足规模栽培所需要的种苗。

标本　　　　　　　　　　叶

花序　　　　　　　　丛生态植株

九十九、杯鞘石斛

学名：*Dendrobium gratiosissimum* Rchb. f.。
异名：黄草。

标本

花

植株

科属：兰科 Orchidaceae，石斛属 *Dendrobium*。
标本来源：瑞丽珍稀植物园的常绿阔叶林树干上附生。
形态和习性：茎悬垂，肉质，圆柱形，长（11）20～26（50）cm，宽 5～10mm，具许多稍肿大的节，上部多少回折状弯曲，节间长 2～2.5cm，干后淡黄色。叶纸质，长圆形，长 8～11cm，宽 15～18mm，先端稍钝并且一侧钩转，基部具抱茎的鞘；叶鞘干后纸质，鞘口杯状张开。总状花序从落了叶的老茎上部发出，具 1～2 朵花；花序柄长 3～5mm，基部被 2～3 枚鞘；鞘纸质，宽卵形，长 3～5mm，先端钝，干后浅白色；花苞片纸质，宽卵形，长 7～10mm，先端钝；花梗和子房淡紫色，长约 2cm；花白色带淡紫色先端，有香气，开展，纸质；中萼片卵状披针形，长 2.3～2.5cm，宽 7～8mm，先端急尖或稍钝，具 7 条脉；侧萼片与中萼片近圆形，等大，先端急尖，基部歪斜，具 7 条脉；萼囊小，近球形，长约 3mm；花瓣斜卵形，长 2.3～2.5cm，宽 1.3～1.4cm，先端钝，基部收狭为短爪，全缘，具 5 条主脉和许多支脉；唇瓣近宽倒卵形，长 2.3cm，宽 2cm，先端圆形，基部楔形，其两侧具多数紫红色条纹，边缘具睫毛，上面密生短毛，唇盘中央具 1 个淡黄色横生的半月形斑块；蕊柱白色，正面具紫色条纹，长约 4mm；药帽白色，近圆锥形，密生细乳突，前端边缘具不整齐的齿。蒴果卵球形，长约 3cm，粗 1.3～1.6cm。
花期 4～5 月，果期 6～7 月。
地理分布与和生境：产云南南部（勐腊、勐海、景洪、思茅、澜沧）。生于德宏州海拔 800～1700m 的山地疏林中树干上。分布于印度东北部、缅甸、泰国、老挝、越南。
资源利用：参见铁皮石斛。
开发推广：可以组培扩繁。

一百、兜唇石斛

学名：*Dendrobium aphyllum* (Roxb.) C. E. Fischer。

异名：水草。

科属：兰科 Orchidaceae，石斛属 *Dendrobium*。

标本来源：瑞丽畹町农场。

形态和习性：茎下垂，肉质，细圆柱形，长 30 ~ 60 (90) cm，粗 4 ~ 7 (10) mm，不分枝，具多数节；节间长 2 ~ 3.5cm。叶纸质，二列互生于整个茎上，披针形或卵状披针形，长 6 ~ 8cm，宽 2 ~ 3cm，先端渐尖，基部具鞘；叶鞘纸质，干后浅白色，鞘口呈杯状张开。总状花序几乎无花序轴，每 1 ~ 3 朵花为一束，从落了叶或具叶的老茎上发出；花序柄长 2 ~ 5mm，基部被 3 ~ 4 枚鞘；鞘膜质，长 2 ~ 3mm；花苞片浅白色，膜质，卵形，长约 3mm，先端急尖；花梗和子房暗褐色带绿色，长 2 ~ 2.5cm；花开展，下垂；萼片和花瓣白色带淡紫红色或浅紫红色的上部或有时全体淡紫红色；中萼片近披针形，长 2.3cm，宽 5 ~ 6mm，先端近锐尖，具 5 条脉；侧萼片相似于中萼片而等大，先端急尖，具 5 条脉，基部歪斜；萼囊狭圆锥形，长约 5mm，末端钝；花瓣椭圆形，长 2.3cm，宽 9 ~ 10mm，先端钝，全缘，具 5 条脉；唇瓣宽倒卵形或近圆形，长、宽约 2.5cm，两侧向上围抱蕊柱而形成喇叭状，基部两侧具紫红色条纹并且收狭为短爪，中部以上部分为淡黄色，中部以下部分浅粉红色，边缘具不整齐的细齿，两面密布短柔毛；蕊柱白色，其前面两侧具红色条纹，长约 3mm；药帽白色，近圆锥状，顶端稍凹缺，密布细乳突状毛，前端边缘宽凹缺。蒴果狭倒卵形，长约 4cm，粗 1.2cm，具长 1 ~ 1.5cm 的柄。

花期 3 ~ 4 月，果期 6 ~ 7 月。

地理分布和生境：产广西西北部（隆林、西林、乐业）、贵州西南部（兴义）、云南东南部至西部（富宁、建水、金平、勐腊、勐海、泸水、瑞丽、盈江等地）。生于海拔 400 ~ 1500m 的疏林中树干上或山谷岩石上。分布于印度（德干高原、西北部和东北部）、尼泊尔、不丹、锡金、缅甸、老挝、越南、马来西亚。

资源利用：兜唇石斛初步化学成分研究中发现，其化学成分类型与《中华人民共和国药典》收载品种的化学成分大致相似，都含有联苄类、菲类、黄酮类、多糖成分。

开发推广：可通过组培、扦插规模化繁育种苗。

花（一）　　　　　　　　　　花（二）

大棚栽培植株

一百零一、鼓槌石斛

学名：*Dendrobium chrysotoxum* Lindl.。

异名：金弓石斛。

科属：兰科 Orchidaceae，石斛属 *Dendrobium*。

标本来源：附生兰，各县市附生于海拔 500 ~ 1300m 的树干或岩石上。

形态和习性：茎直立，肉质，纺锤形，长 6 ~ 30cm，中部粗 1.5 ~ 5cm，具 2 ~ 5 节间，具多数圆钝的条棱，干后金黄色，近顶端具 2 ~ 5 枚叶。叶革质，长圆形，长达 19cm，宽 2 ~ 3.5cm 或更宽，先端急尖而钩转，基部收狭，但不下延为抱茎的鞘。总状花序近茎顶端发出，斜出或稍下垂，长达 20cm；花序轴粗壮，疏生多数花；花序柄基部具 4 ~ 5 枚鞘；花苞片小，膜质，卵状披针形，长 2 ~ 3mm，先端急尖；花梗和子房黄色，长达 5cm；花质地厚，金黄色，稍带香气；中萼片长圆形，长 1.2 ~ 2cm，中部宽 5 ~ 9mm，先端稍钝，具 7 条脉；侧萼片与中萼片近等大；萼囊近球形，宽约 4mm；花瓣倒卵形，等长于中萼片，宽约为萼片的 2 倍，先端近圆形，具约 10 条脉；唇瓣的颜色比萼片和花瓣深，近肾状圆形，长约 2cm，宽 2.3cm，先端浅 2 裂，基部两侧多少具红色条纹，边缘波状，上面密被短绒毛；唇盘通常呈"∧"隆起，有时具"U"形的栗色斑块；蕊柱长约 5mm；药帽淡黄色，尖塔状。

花期 3 ~ 5 月。

地理分布和生境：产云南南部至西部（石屏、景谷、思茅、勐腊、景洪、耿马、镇康、沧源、马关、瑞丽、盈江、陇川）。生于海拔 520 ~ 1620m，阳光充足的常绿阔叶林中树干上或疏林下岩石上。分布于印度东北部、缅甸、泰国、老挝、越南。

资源利用：鼓槌石斛以鲜茎或干燥茎入药，能治疗热病津伤、口干烦渴、胃阴不足等，是我国民间药用石斛种类之一。现代研究结果表明，鼓槌石斛具有抗氧化、抗肿瘤等功效，富含酚类化合物，其中毛兰素、鼓槌菲、毛兰菲等具有抗肿瘤作用。鼓槌石斛多糖具有改善糖尿病性视网膜病变效果。2010 年鼓槌石斛被收载入《中华人民共和国药典》，主要功效为益胃生津、滋阴清热。

开发推广：观赏、药用同铁皮石斛。

附生树干植株

花（一）

花（二）

鼓槌石斛＋球花石斛

石斛花

一百零二、齿瓣石斛

学名：*Dendrobium devonianum* Paxt.。

异名：紫皮兰、大黄草。

科属：兰科 Orchidaceae，石斛属 *Dendrobium*。

标本来源：附生兰，陇川、盈江，附生于海拔 700 ~ 2500m 树干上。

形态和习性：茎下垂，稍肉质，细圆柱形，长 50 ~ 70 (100) cm，粗 3 ~ 5mm，不分枝，具多数节，节间长 2.5 ~ 4cm，干后常淡褐色带污黑。叶纸质，二列互生于整个茎上，狭卵状披针形，长 8 ~ 13cm，宽 1.2 ~ 2.5cm，先端长渐尖，基部具抱茎的鞘；叶鞘常具紫红色斑点，干后纸质。总状花序常数个，出自落了叶的老茎上，每个具 1 ~ 2 朵花；花序柄绿色，长约 4mm，基部具 2 ~ 3 枚干膜质的鞘；花苞片膜质，卵形，长约 4mm，先端近锐尖；花梗和子房绿色带褐色，长 2 ~ 2.5cm；花质地薄，开展，具香气；中萼片白色，上部具紫红色晕，卵状披针形，长约 2.5cm，宽 9mm，先端急尖，具 5 条紫色的脉；侧萼片与中萼片同色，相似而等大，但基部稍歪斜；萼囊近球形，长约 4mm；花瓣与萼片同色，卵形，长 2.6cm，宽 1.3cm，先端近急尖，基部收狭为短爪，边缘具短流苏，具 3 条脉，其两侧的主脉多分枝；唇瓣白色，前部紫红色，中部以下两侧具紫红色条纹，近圆形，长 3cm，基部收狭为短爪，边缘具复式流苏，上面密布短毛；唇盘两侧各具 1 个黄色斑块；蕊柱白色，长约 3mm，前面两侧具紫红色条纹；药帽白色，近圆锥形，顶端稍凹，密布细乳突，前端边缘具不整齐的齿。

花期 4 ~ 5 月。

地理分布和生境：产广西西北部（隆林）、贵州西南部（兴义、罗甸）、云南东南部至西部（勐腊、勐海、河口、金平、凤庆、澜沧、镇康、漾濞、盈江）、西藏东南部（墨脱）。生于海拔达 1850m 的山地密林中树干上。分布于不丹、印度东北部、缅甸、泰国、越南。

资源利用及开发推广：药用、观赏同铁皮石斛。

花

花、茎

一百零三、晶帽石斛

学名：*Dendrobium crystallinum* Rchb. f.。

异名：无。

科属：兰科 Orchidaceae，石斛属 *Dendrobium*。

标本来源：附生兰，瑞丽，附生于海拔 1100 ～ 1700m 山地林中树干上。

形态和习性：茎直立或斜立，稍肉质，圆柱形，长 60 ～ 70cm，粗 5 ～ 7mm，不分枝，具多节，节间长 3 ～ 4cm。叶纸质，长圆状披针形，长 9.5 ～ 17.5cm，宽 1.5 ～ 2.7cm，先端长渐尖，基部具抱茎的鞘，具数条两面隆起的脉。总状花序数个，出自去年生落了叶的老茎上部，具 1 ～ 2 朵花；花序柄短，长 6 ～ 8mm，基部被 3 ～ 4 枚长 3 ～ 5mm 的鞘；花苞片浅白色，膜质，长圆形，长 1 ～ 1.5cm，先端锐尖；花梗和子房长 3 ～ 4cm；花大，开展；萼片和花瓣乳白色，上部紫红色；中萼片狭长圆状披针形，长 3.2cm，宽 7mm，先端渐尖，具 5 条脉；侧萼片相似于中萼片，等大，先端渐尖，基部稍歪斜，具 5 条脉；萼囊小，长圆锥形，长 4mm，宽 2mm；花瓣长圆形，长 3.2cm，宽 1.2cm，先端急尖，边缘多少波状，具 7 条脉；唇瓣橘黄色，上部紫红色，近圆形，长 2.5cm，全缘，两面密被短绒毛；蕊柱长 4mm；药帽狭圆锥形，密布白色晶体状乳突，前端边缘具不整齐的齿。蒴果长圆柱形，长 6cm，粗 1.7cm。

花期 5 ～ 7 月，果期 7 ～ 8 月。

地理分布和生境：产云南南部（勐腊、勐海、景洪、瑞丽）。生于海拔 540 ～ 1700m 的山地林缘或疏林中树干上。分布于缅甸、泰国、老挝、柬埔寨、越南。

资源利用及开发推广：同铁皮石斛。

花、茎

一百零四、钩状石斛

学名：*Dendrobium aduncum* Lindl.。

异名：无。

科属：兰科 Orchidaceae，石斛属 *Dendrobium*。

标本来源：梁河县，15m 常绿阔叶林树干上附生。

形态和习性：茎下垂，圆柱形，长 50 ~ 100cm，粗 2 ~ 5mm，有时上部多少弯曲，不分枝，具多个节，节间长 3 ~ 3.5cm，干后淡黄色。叶长圆形或狭椭圆形，长 7 ~ 10.5cm，宽 1 ~ 3.5cm，先端急尖并且钩转，基部具抱茎的鞘。总状花序通常数个，出自落了叶或具叶的老茎上部，花序轴纤细，长 1.5 ~ 4cm，多少回折状弯曲，疏生 1 ~ 6 朵花；

花

花序柄长 5 ~ 10mm，基部被 3 ~ 4 枚长 2 ~ 3mm 的膜质鞘；花苞片膜质，卵状披针形，长 5 ~ 7mm，先端急尖；花梗和子房长约 1.5cm；花开展，萼片和花瓣淡粉红色；中萼片长圆状披针形，长 1.6 ~ 2cm，宽 7mm，先端锐尖，具 5 条脉；侧萼片斜卵状三角形，与中萼片等长而宽得多，先端急尖，具 5 条脉，基部歪斜；萼囊明显坛状，长约 1cm；花瓣长圆形，长 1.4 ~ 1.8cm，宽 7mm，先端急尖，具 5 条脉；唇瓣白色，朝上，凹陷呈舟状，展开时为宽卵形，长 1.5 ~ 1.7cm，前部骤然收狭而先端为短尾状并且反卷，基部具长约 5mm 的爪，上面除爪和唇盘两侧外密布白色短毛，近基部具 1 个绿色方形的胼胝体；蕊柱白色，长约 4mm，下部扩大，顶端两侧具耳状的蕊柱齿，正面密布紫色长毛；蕊柱足长而宽，长约 1cm，向前弯曲，末端与唇瓣相连接处具 1 个关节，内面有时疏生毛；药帽深紫色，近半球形，密布乳突状毛，顶端稍凹，前端边缘具不整齐的齿。

花期 5 ~ 6 月。

地理分布和生境：产湖南东北部（桃源）、广东南部（罗浮山）、香港、海南（三亚市、保亭、陵水、琼中）、广西（龙州、上思、凌云、田林、百色、东兰、乐业、永福等地）、贵州西南部至东南部（兴义、独山、罗甸、安龙、黎平）、云南东南部（马关）。德宏州各县市生于海拔 700 ~ 1000m 的山地林中树干上。分布于锡金、不丹、印度东北部、缅甸、泰国、越南。

资源利用及开发推广：同铁皮石斛。

217

一百零五、梳唇石斛

学名：*Dendrobium strongylanthum* Rchb. f.。

异名：圆花石斛、虫草、Mo han lan da miao（傣语）。

科属：兰科 Orchidaceae，石斛属 *Dendrobium*。

标本来源：附生兰，芒市、瑞丽、盈江、陇川，附生于海拔 1120～2300m 树干上。

形态和习性：茎肉质，直立，圆柱形或多少呈长纺锤形，长 3～27cm，连同鞘一起粗 4～10mm，具多个节，当年生的被叶鞘所包裹，去年生的当叶鞘腐烂后呈金黄色，多少回折状弯曲。叶质地薄，二列，互生于整个茎上，长圆形，长 4～10cm，宽达 1.7cm，先端锐尖并且不等侧 2 裂，基部扩大为偏鼓的鞘；叶鞘草质，干后松松抱茎，鞘口斜截。总状花序常 1～4 个，顶生或侧生于茎的上部，近直立，远高出叶外，长达 13cm；花序轴纤细，密生数至 20 余朵小花；花苞片卵状披针形，长 2～4mm，先端渐尖；花梗和子房长约 5mm；花黄绿色，但萼片在基部紫红色；中萼片狭卵状披针形，长 11mm，宽 2mm，先端长渐尖，具 3 条脉；侧萼片镰状披针形，长达 14mm，基部歪斜而宽 4.3mm，中部以上骤然急尖呈尾状，具 4～5 条脉；萼囊短圆锥形，长约 4mm 花瓣浅黄绿色带紫红色脉纹，卵状披针形，比中萼片稍小，具 3 条脉；唇瓣紫堇色，长 8mm，宽 4mm，中部以上 3 裂；侧裂片卵状三角形，先端尖齿状，边缘具梳状的齿；中裂片三角形，先端急尖，边缘皱褶呈鸡冠状；

花

唇盘具由 2～3 条褶片连成一体的脊突；脊突厚肉质，终止于中裂片的基部，先端扩大；蕊柱淡紫色，近圆柱形，长约 2mm；蕊柱足边缘密被细乳突；药帽半球形，前端边缘撕裂状。

花期 9～10 月。

地理分布与生境：产海南（坝王岭）、云南南部至西部（景洪、思茅、双江、景东、绿春、腾冲、盈江）。生于海拔 1000～2100m 的山地林中树干上。缅甸、泰国也有。

资源利用及开发推广：同铁皮石斛。

一百零六、报春石斛

学名：*Dendrobium primulinum* Lindl.。

异名：无。

科属：兰科 Orchidacea，石斛属
Dendrobium。

标本来源：盈江，附生于海拔
700～1500m 的常绿阔叶林、次生
杂木林中。

形态和习性：茎下垂，厚肉
质，圆柱形，通常长20～35cm，粗
8～13mm，不分枝，具多数节，节
间长2～2.5cm。叶纸质，二列，互
生于整个茎上，披针形或卵状披针形，
长8～10.5cm，宽2～3cm，先端钝

花、茎

并且不等侧2裂，基部具纸质或膜质的叶鞘。总状花序具1～3朵花，通常从落了
叶的老茎上部节上发出；花序柄着生的茎节处呈舟状凹下，长2mm，基部被3～4
枚长2～3mm的膜质鞘；花苞片浅白色，膜质，卵形，长5～9mm，先端钝；花
梗和子房黄绿色，长2～2.5cm；花开展，下垂，萼片和花瓣淡玫瑰色；中萼片狭
披针形，长3cm，宽6～8mm，先端近锐尖，具3～5条脉；侧萼片与中萼片同形
而等大，先端近锐尖，基部歪斜，具3～5条脉；萼囊狭圆锥形，长约5mm，末端钝，
花瓣狭长圆形，长3cm，宽7～9cm，先端钝，具3～5条脉，全缘；唇瓣淡黄色
带淡玫瑰色先端，宽倒卵形，长小于宽，宽约3.5cm，中下部两侧围抱蕊柱，两面
密布短柔毛，边缘具不整齐的细齿，唇盘具紫红色的脉纹；蕊柱白色，长约3mm；
药帽紫色，椭圆状圆锥形，顶端多少下凹，密布乳突状毛，前端边缘宽凹缺。

花期3～4月。

地理分布和生境：产云南东南部至西南部（文山、思茅、勐腊、勐海、龙陵、镇康、
盈江）。生于海拔700～1800m的山地疏林中树干上。分布于印度西北部、尼泊尔、
锡金、印度东北部、缅甸、泰国、老挝、越南。模式标本采自印度东北部。

资源利用及开发推广：药用同铁皮石斛。

一百零七、翅萼石斛

学名：*Dendrobium cariniferum* Rchb. f.。

异名：无。

科属：兰科 Orchidaceae，石斛属 *Dendrobium*。

标本来源：附生兰，瑞丽，附生于海拔 1100 ~ 1700m 的山地林中树干上。

形态和习性：茎肉质状粗厚，圆柱形或有时膨大呈纺锤形，长 10 ~ 28cm，中部粗达 1.5cm，不分枝，具 6 个以上的节，节间长 1.5 ~ 2cm，干后金黄色。叶革质，数枚，二列，长圆形或舌状长圆形，长达 11cm，宽 1.5 ~ 4cm，先端钝并且稍不等侧 2 裂，基部下延为抱茎的鞘，下面和叶鞘密被黑色粗毛。总状花序出自近茎端，常具 1 ~ 2 朵花；花序柄长 5 ~ 10mm，基部被 3 ~ 4 枚鞘；花苞片卵形，长 4 ~ 5mm，先端急尖；花梗和子房长约 3cm；子房黄绿色，三棱形；花开展，质地厚，具橘子香气；中萼片浅黄白色，卵状披针形，长约 2.5cm，宽 9mm，先端急尖，在背面中肋隆起呈翅状；侧萼片浅黄白色，斜卵状三角形，与中萼片近等大；萼囊淡黄色带橘红色，呈角状，长约 2cm，近先端处稍弯曲；花瓣白色，长圆状椭圆形，长约 2cm，宽 1cm，先端锐尖，具 5 条脉；唇瓣喇叭状，3 裂；侧裂片橘红色，围抱蕊柱，近倒卵形，前端边缘具细齿；中裂片黄色，近横长圆形，先端凹，前端边缘具不整齐的缺刻；唇盘橘红色，沿脉上密生粗短的流苏；蕊柱白色带橘红色，长约 7mm；药帽白色，半球形，前端边缘密生乳突状毛。蒴果卵球形，粗达 3cm。

花期 3 ~ 4 月。

地理分布和生境：产云南南部至西南部（勐腊、景洪、勐海、镇康、沧源）。生于海拔 1100 ~ 1700m 的山地林中树干上。分布于印度东北部、缅甸、泰国、老挝、越南。

资源利用及开发推广：同铁皮石斛。

花、茎

一百零八、大苞鞘石斛

学名：*Dendrobium wardianum* Warner。

异名：无。

科属：兰科 Orchidaceae，石斛属 *Dendrobium*。

标本来源：附生兰，盈江，附生于海拔 1400 ~ 1900m 季风常绿阔叶林。

形态和习性：茎斜立或下垂，肉质状肥厚，圆柱形，通常长 16 ~ 46cm，粗 7 ~ 15mm，不分枝，具多节；节间多少肿胀呈棒状，长 2 ~ 4cm，干后硫黄色带污黑。叶薄革质，二列，狭长圆形，长 5.5 ~ 15cm，宽 1.7 ~ 2cm，先端急尖，基部具鞘；叶鞘紧抱于茎，干后鞘口常张开。总状花序从落了叶的老茎中部以上部分发出，具 1 ~ 3 朵花；花序柄粗短，长 2 ~ 5mm，基部具 3 ~ 4 枚宽卵形的鞘；花苞片纸质，大型，宽卵形，长 2 ~ 3cm，宽 1.5cm，先端近圆形；花梗和

花

子房白色带淡紫红色，长约 5mm；花大，开展，白色带紫色先端；中萼片长圆形，长 4.5cm，宽 1.8cm，先端钝，具 8 ~ 9 条主脉和许多近横生的支脉；侧萼片与中萼片近等大，先端钝，基部稍歪斜，具 8 ~ 9 条主脉和许多近横生的支脉；萼囊近球形，长约 5mm；花瓣宽长圆形，与中萼片等长而较宽，达 2.8cm，先端钝，基部具短爪，具 5 条主脉和许多支脉；唇瓣白色带紫色先端，宽卵形，长约 3.5cm，宽 3.2cm，中部以下两侧围抱蕊柱，先端圆形，基部金黄色并且具短爪，两面密布短毛，唇盘两侧各具 1 个暗紫色斑块；蕊柱长约 5mm，基部扩大；药帽宽圆锥形，无毛，前端边缘具不整齐的齿。

花期 3 ~ 5 月。

地理分布和生境：产云南东南部至西部（金平、勐腊、镇康、腾冲、盈江）。生于海拔 1350 ~ 1900m 的山地疏林中树干上。分布于不丹、印度东北部、缅甸、泰国、越南。

资源利用及开发推广：同铁皮石斛。

一百零九、叠鞘石斛

学名：*Dendrobium aurantiacum* Rchb. f. var. denneanum（Kerr）Z. H. Tsi。

异名：小美石斛。

科属：兰科 Orchidaceae, 石斛属 *Dendrobium*。

标本来源：附生兰，瑞丽、陇川，附生于海拔 1340m 的季风常绿阔叶林中。

形态和习性：植株明显较粗壮，茎纤细，圆柱形，通常长 25～35cm，茎粗 4mm 以上，不分枝，具多数节；节间长 2.5～4cm，干后淡黄色或黄褐色。叶革质，线形或狭长圆形，长 8～10cm，宽 1.8～4.5cm，先端钝并且微凹或有时近锐尖而一侧稍钩转，基部具鞘；叶鞘紧抱于茎。总状花序侧生于去年生落了叶的茎上端，花序长 5～14cm，通常 1～2 朵花，有时 3 朵；花序柄近直立，长 0.5cm，基部套叠 3～4 枚鞘，鞘纸质，浅白色，杯状或筒状，基部的较短，向上逐渐变长，长 5～20mm；花苞片膜质，浅白色，舟状，花苞片长 1.8～3cm，宽约 5mm，先端钝；花梗和子房长约 3cm；花橘黄色，开展；中萼片长圆状椭圆形，长 2.3～2.5cm，宽 1.1～1.4cm，先端钝，全缘，具 5 条脉；侧萼片长圆形，等长于中萼片而稍较狭，先端钝，基部稍歪斜，具 5 条脉；萼囊圆锥形，长约 6mm；花瓣椭圆形或宽椭圆状倒卵形，长 2.4～2.6cm，宽 1.4～1.7cm，先端钝，全缘，具 3 条脉，侧边的主脉具分枝；唇瓣近圆形，唇瓣上面具一个大的紫色斑块，长 2.5cm，宽约 2.2cm，基部具长约 3mm 的爪并且其内面有时具数条红色条纹，中部以下两侧围抱蕊柱，上面密布绒毛，边缘具不整齐的细齿，唇盘无任何斑块；蕊柱长约 4mm，具长约 3mm 的蕊柱足；药帽狭圆锥形，长约 4mm，光滑，前端近截形。

花期 5～6 月。

地理分布和生境：产海南（坝王岭）、广西西南至西北部（凌云、乐业、凤山、靖西、德保、那坡）、贵州南部至西南部（兴义、罗甸、平塘、安龙、关岭、惠水）、云南东南部至西北部（屏边、砚山、建水、勐海、凤庆、沧源、澜沧、耿马、镇康、腾冲、贡山、丽江、维西、德钦、芒市、瑞丽、陇川、盈江等地）。生于海拔 600～2500m 的山地疏林中树干上。分布于印度、尼泊尔、锡金、不丹、缅甸、泰国、老挝、越南。模式标本采自老挝。

资源利用及开发推广：同铁皮石斛。

茎、叶

一百一十、尖刀唇石斛

学名：*Dendrobium heterocarpum* Lindl.。

异名：异果石斛。

科属：兰科 Orchidaceae，石斛属 *Dendrobium*。

标本来源：附生兰，芒市、瑞丽，附生于海拔 1500 ～ 1750m 树干上。

形态和习性：茎常斜立，厚肉质，基部收狭，向上增粗，多少呈棒状，长 5 ～ 27cm，粗 1 ～ 1.5cm，不分枝，具数节，节多少肿大，节间长 2 ～ 3cm，鲜时金黄色，干后硫黄色带污黑色。叶革质，长圆状披针形，通常长 7 ～ 10cm，宽 1.2 ～ 2cm，先端急尖或稍钝，基部具抱茎的膜质鞘。总状花序出自落了叶的老茎上端，具 1 ～ 4 朵花；花序柄长 2 ～ 3mm，基部被 2 ～ 3 枚膜质鞘；花苞片浅白色，膜质，宽卵形，长 4 ～ 9mm，先端钝；花开展，具香气，萼片和花瓣银

花

白色或奶黄色；花梗连同子房与萼片同色，长约 2cm；中萼片长圆形，长 2.7 ～ 3cm，宽约 8mm，先端钝，具 5 条主脉和多数支脉；侧萼片斜卵状披针形，与中萼片等大，先端近锐尖，基部稍歪斜，具 7 条主脉和许多支脉；萼囊圆锥形，长约 7mm；花瓣卵状长圆形，长 2.5 ～ 2.8cm，宽 9 ～ 10mm，先端锐尖，边缘全缘，具 5 条主脉和多数支脉；唇瓣卵状披针形，与萼片近等长，不明显 3 裂；侧裂片黄色带红色条纹，直立，中部向下反卷；中裂片银白色或奶黄色，先端锐尖，边缘全缘，上面密布红褐色短毛；蕊柱白色，长约 3mm，前面（腹面）两侧具紫红色而内面为黄色，基部稍扩大，具黄色的蕊柱足；药帽圆锥形，长约 2.5mm，密布细乳突，前端边缘具细齿。

花期 3 ～ 4 月。

地理分布和生境：产云南南部至西部（勐腊、芒市、瑞丽、腾冲、镇康）。生于海拔 1500 ～ 1750m 的山地疏林中树干上。分布于斯里兰卡、印度、尼泊尔、锡金、不丹、缅甸、泰国、老挝、越南、菲律宾、马来西亚、印度尼西亚。模式标本采自尼泊尔。

资源利用及开发推广：同铁皮石斛。

一百一十一、石斛

学名：*Dendrobium nobile* Lindl.。

异名：吊兰花、金钗石斛、小黄草、千年润、Mo da miao（傣语）、Wa me dai ban（景颇语）。

科属：兰科 Orchidaceae，石斛属 *Dendrobium*。

标本来源：附生兰，各县市附生于海拔 820 ～ 1000m 树干或岩石上。

形态和习性：茎直立，肉质状肥厚，稍扁的圆柱形，长 10 ～ 60cm，粗达 1.3cm，上部多少回折状弯曲，基部明显收狭，不分枝，具多节，节有时稍肿大；节间多少呈倒圆锥形，长 2 ～ 4cm，干后金黄色。叶革质，长圆形，长 6 ～ 11cm，宽 1 ～ 3cm，先端钝并且不等侧 2 裂，基部具抱茎的鞘。总状花序从具叶或落了叶的老茎中部以上部分发出，长 2 ～ 4cm，具 1 ～ 4 朵花；花序柄长 5 ～ 15mm，基部被数枚筒状鞘；花苞片膜质，卵状披针形，长 6 ～ 13mm，先端渐尖；花梗和子房淡紫色，长 3 ～ 6mm；花大，白色带淡紫色先端，有时全体淡紫红色或除唇盘上具 1 个紫红色斑块外，其余均为白色；中萼片长圆形，长 2.5 ～ 3.5cm，宽 1 ～ 1.4cm，先端钝，具 5 条脉；侧萼片相似于中萼片，先端锐尖，基部歪斜，具 5 条脉；萼囊圆锥形，长 6mm；花瓣多少斜宽卵形，长 2.5 ～ 3.5cm，宽 1.8 ～ 2.5cm，先端钝，基部具短爪，全缘，具 3 条主脉和许多支脉；唇瓣宽卵形，长 2.5 ～ 3.5cm，宽 2.2 ～ 3.2cm，先端钝，基部两侧具紫红色条纹并且收狭为短爪，中部以下两侧围抱蕊柱，边缘具短的睫毛，两面密布短绒毛，唇盘中央具 1 个紫红色大斑块；蕊柱绿色，长 5mm，基部稍扩大，具绿色的蕊柱足；药帽紫红色，圆锥形，密布细乳突，前端边缘具不整齐的尖齿。

花期 4 ～ 5 月。

地理分布和生境：产台湾、湖北南部（宜昌）、香港、海南（白沙）、广西西部至东北部（百色、平南、兴安、金秀、靖西）、四川南部（长宁、峨眉山、乐山）、贵州西南部至北部（赤水、习水、罗甸、兴义、三都）、云南东南部至西北部（富民、石屏、沧源、勐腊、勐海、思茅、怒江河谷、贡山一带）、西藏东南部（墨脱）。生于海拔 480 ～ 1700m 的山地林中树干上或山谷岩石上。分布于印度、尼泊尔、锡金、不丹、缅甸、泰国、老挝、越南。模式标本采自云南（西北部）。

资源利用：茎入药，有养阴益胃、生津止渴、清热的功效。用于治疗热病防津、口干烦渴、病后虚热、阴伤目暗、食欲缺乏、遗精、肺结核、腰膝酸软无力，还用于灭蝇。

开发推广：药用栽培。

花

一百一十二、束花石斛

学名：*Dendrobium chrysanthum* Lindl.。

异名：金兰、黄草。

科属：兰科 Orchidaceae，石斛属 *Dendrobium*。

标本来源：附生兰，陇川、盈江，附生于海拔 700～1800m 的季风常绿阔叶林中。

形态和习性：茎粗厚，肉质，下垂或弯垂，圆柱形，长 50～200cm，粗 5～15mm，上部有时稍回折状弯曲，不分枝，具多节，节间长 3～4cm，干后浅黄色或黄褐色。叶二列，互生于整个茎上，纸质，长圆状披针形，通常长 13～19cm，宽 1.5～4.5cm，先端渐尖，基部具鞘；叶鞘纸质，干后鞘口常杯状张开，常浅白色。伞状花序近无花序柄，每 2～6 花为一束，侧生于具叶的茎上部；花苞片膜质，卵状三角形，长约 3mm；花梗和子房稍扁，长 3.5～6cm，粗约 2mm；花黄色，质地厚；中萼片呈多少凹的长圆形或椭圆形，长 15～20mm，宽 9～11mm，先端钝，具 7 条脉；侧萼片呈稍凹的斜卵状三角形，长 15～20mm，基部稍歪斜而较宽，宽 10～12mm，先端钝，具 7 条脉；萼囊宽而钝，长约 4mm；花瓣呈稍凹的倒卵形，长 16～22mm，宽 11～14mm，先端圆形，全缘或有时具细啮蚀状，具 7 条脉；唇瓣呈凹的、不裂、肾形或横长圆形，长约 18mm，宽约 22mm，先端近圆形，基部具 1 个长圆形的胼胝体并且骤然收狭为短爪，上面密布短毛，下面除中部以下外也密布短毛；唇盘两侧各具 1 个栗色斑块，具 1 条宽厚的脊从基部伸向中部；蕊柱长约 4mm，具长约 6mm 的蕊柱足；药帽圆锥形，长约 2.5mm，几乎光滑，前端边缘近全缘。蒴果长圆柱形，长 7cm，粗约 1.5cm。

花期 9～10 月。

地理分布和生境：产广西西南部至西北部（百色、德保、隆林、凌云、靖西、田林、南丹）、贵州南部至西南部（兴义、安龙、罗甸、关岭）、云南东南部至西南部（麻栗坡、砚山、屏边、石屏、绿春、勐腊、勐海、澜沧、镇康、临沧、陇川、盈江）、西藏东南部（墨脱）。生于海拔 700～2500m 的山地密林中树干上或山谷阴湿的岩石上。分布于印度西北部、尼泊尔、锡金、不丹、印度东北部、缅甸、泰国、老挝、越南。模式标本采自尼泊尔。

资源利用及开发推广：同铁皮石斛。

花

茎、花蕾

一百一十三、杓唇石斛

学名：*Dendrobium moschatum* (Buch.-Ham.) Sw.。
异名：无。
科属：兰科 Orchidaceae，石斛属 *Dendrobium*。
标本来源：附生兰，瑞丽，附生于海拔 1300m 的疏林树干上。

花

花、茎

形态和习性：茎粗状，质地较硬，直立，圆柱形，长达 1m，粗 6～8mm，不分枝，具多节，节间长约 3cm。叶革质，二列；互生于茎的上部，长圆形至卵状披针形，长 10～15cm，宽 1.5～3cm，先端渐尖或不等侧 2 裂，基部具紧抱于茎的纸质鞘。总状花序出自去年生具叶或落了叶的茎近端，下垂，长约 20cm，疏生数至 10 余朵花；花序柄长约 5cm，基部具 4 枚套叠的杯状鞘；花苞片革质，长圆形，长 12～20mm，宽 3～5mm，先端钝；花梗和子房长达 5cm；花深黄色，白天开放，晚间闭合，质地薄；中萼片长圆形，长 2.4～3.5cm，宽 1.1～1.4cm，先端钝，具 6～7 条脉；侧萼片长圆形，长 2.4～3.5cm，宽 9～10mm，先端稍锐尖，具 5 条脉，基部稍歪斜；萼囊圆锥形，短而宽，长约 6mm；花瓣斜宽卵形，长 2.6～3.5cm，宽 1.7～2.3cm，先端钝，具 7 条脉；唇瓣圆形，边缘内卷而形成杓状，长 2.4cm，宽约 2.2cm，上面密被短柔毛，下面无毛，唇盘基部两侧各具 1 个浅紫褐色的斑块；蕊柱黄色，长约 4mm，具长约 4mm 的蕊柱足；药帽紫色，圆锥形，上面光滑，前端边缘具不整齐的细齿。

花期 4～6 月。

地理分布和生境：产云南南部至西部（景洪、勐海、瑞丽）。生于海拔 1300m 的疏林中树干上。分布于从印度西北部经尼泊尔、锡金、不丹、印度东北部到缅甸、泰国、老挝、越南。

资源利用及开发推广：同铁皮石斛。

一百一十四、重唇石斛

学名：*Dendrobium hercoglossum* Rchb. f.。

异名：网脉唇石斛、大石斛。

科属：兰科 Orchidaceae，石斛属 *Dendrobium*。

标本来源：附生兰，芒市、瑞丽、陇川、盈江，附生于海拔 800 ~ 1300m 湿润岩石及树干上。

形态和习性：茎下垂，圆柱形或有时从基部上方逐渐变粗，通常长 8 ~ 40cm，粗 2 ~ 5mm，具少数至多数节，节间长 1.5 ~ 2cm，干后淡黄色。叶薄革质，狭长圆形或长圆状披针形，长 4 ~ 10cm，宽 4 ~ 8（14）mm，先端钝并且不等侧 2 圆裂，基部具紧抱于茎的鞘。总状花序通常数个，从落了叶的老茎上发出，常具 2 ~ 3 朵花；花序轴瘦弱，长 1.5 ~ 2cm，有时稍回折状弯曲；花序柄绿色，长 6 ~ 10mm，基部被 3 ~ 4 枚短筒状鞘；花苞片小，干膜质，卵状披针形，长 3 ~ 5mm，先端急尖；花梗和子房淡粉红色，长 12 ~ 15mm；花开展，萼片和花瓣淡粉红色；中萼

花、茎

片卵状长圆形，长 1.3 ~ 1.8cm，宽 5 ~ 8mm，先端急尖，具 7 条脉；侧萼片稍斜卵状披针形，与中萼片等大，先端渐尖，具 7 条脉，萼囊很短；花瓣倒卵状长圆形，长 1.2 ~ 1.5cm，宽 4.5 ~ 7mm，先端锐尖，具 3 条脉；唇瓣白色，直立，长约 1cm，分前后唇；后唇半球形，前端密生短流苏，内面密生短毛；前唇淡粉红色，较小，三角形，先端急尖，无毛；蕊柱白色，长约 4mm，下部扩大，具长约 2mm 的蕊柱足；蕊柱齿三角形，先端稍钝；药帽紫色，半球形，密布细乳突，前端边缘啮蚀状。

花期 5 ~ 6 月。

地理分布和生境：产安徽（霍山）、江西南部（全南）、湖南（江华）、广东西南部（信宜）、海南（三亚市、保亭、昌江）、广西（东兴、凌云、西林、龙胜、金秀、桂平、永福、阳朔、融水、平乐、南丹、隆林、马山等地）、贵州西南部（兴义、罗甸、册亨）、云南东南部（屏边、金平、文山）、云南西南部（芒市、瑞丽、陇川、盈江）。生于海拔 590 ~ 1260m 的山地密林中树干上和山谷湿润岩石上。分布于泰国、老挝、越南、马来西亚。模式标本采自马来西亚。

资源利用及开发推广：同铁皮石斛。

一百一十五、细叶石斛

学名：*Dendrobium hancockii* Rolfe。

异名：无。

科属：兰科 Orchidaceae，石斛属 *Dendrobium*。

标本来源：附生兰，盈江附生于海拔 700 ～ 1000m 的林下岩石上。

形态和习性：茎直立，质地较硬，圆柱形或有时基部上方有数个节间膨大而形成纺锤形，长达 80cm，粗 2 ～ 20mm，通常分枝，具纵槽或条棱，干后深黄色或橙黄色，有光泽，节间长达 4.7cm。叶通常 3 ～ 6 枚，互生于主茎和分枝的上部，狭长圆形，长 3 ～ 10cm，宽 3 ～ 6mm，先端钝并且不等侧 2 裂，基部具革质鞘。总状花序长 1 ～ 2.5cm，具 1 ～ 2 朵花，花序柄长 5 ～ 10mm；花苞片膜质，卵形，长约 2mm，先端急尖；花梗和子房淡黄绿色，长 12 ～ 15mm，子房稍扩大；花质地厚，稍具香气，开展，金黄色，仅唇瓣侧裂片内侧具少数红色条纹；中萼片卵状椭圆形，长 (1) 8 ～ 2.4cm，宽 (3.5) 5 ～ 8mm，先端急尖，

花、茎

具 7 条脉；侧萼片卵状披针形，与中萼片等长，但稍较狭，先端急尖，具 7 条脉；萼囊短圆锥形，长约 5mm；花瓣斜倒卵形或近椭圆形，与中萼片等长而较宽，先端锐尖，具 7 条脉，唇瓣长宽相等，1 ～ 2cm，基部具 1 个胼胝体，中部 3 裂；侧裂片围抱蕊柱，近半圆形，先端圆形；中裂片近扁圆形或肾状圆形，先端锐尖；唇盘通常浅绿色，从两侧裂片之间到中裂片上密布短乳突状毛；蕊柱长约 5mm，基部稍扩大，具长约 6mm 的蕊柱足，蕊柱齿近三角形，先端短而钝；药帽斜圆锥形，表面光滑，前面具 3 条脊，前端边缘具细齿。

花期 5 ～ 6 月。

地理分布和生境：产陕西秦岭以南（山阳、宁陕）、甘肃南部（徽县、武都）、河南（西峡、南召、灵宝）、湖北东南部（兴山、利川）、湖南东南部（酃县）、广西西北部（隆林）、四川南部至东北部（天全、泸定、布拖、城口）、贵州南部至西南部（兴义、罗甸、望谟、贞丰）、云南东南部（富民、石屏、蒙自）、云南西南部（盈江）。生于海拔 700 ～ 1500m 的山地林中树干上或山谷岩石上。

资源利用开发推广：药用同铁皮石斛。

一百一十六、美花石斛

学名：*Dendrobium loddigesii* Rolfe。

异名：粉花石斛、Ban se（景颇语）、Long zun（景颇 - 载瓦）。

科属：兰科 Orchidaceae，石斛属 *Dendrobium*。

标本来源：附生兰，芒市、瑞丽、陇川、盈江，附生于海拔 400 ～ 1400m 树干和林下岩石上。

形态和习性：茎悬垂，肉质状肥厚，青绿色，圆柱形，通常长 30 ～ 40cm，粗约 1cm，基部稍收狭，不分枝，具多节，节间长 3 ～ 4cm，被绿色和白色条纹的鞘，干后紫铜色。叶近革质，狭披针形，长 5 ～ 10cm，宽 1 ～ 1.25cm，先端渐尖，基部具抱茎的膜质鞘。总状花序很短，从落了叶的老茎上部发出，具 1 ～ 4 朵花；花序柄长约 3mm，基部被 3 ～ 4 枚干膜质的鞘；花苞片卵形，长约 4mm，先端锐尖；花梗和子房淡紫红色，长约 3.5cm；花质地厚，开展，萼片和花瓣白色，中上部淡紫色，干后蜡质状；中萼片近椭圆形，长 2.1cm，宽 1cm，先端钝，具 5 条脉；侧萼片卵状长圆形，与中萼片近等大，先端钝，基部歪斜，具 5 条脉，在背面其中肋多少龙骨状隆起；萼囊小，近球形，长约 5mm；花瓣宽倒卵形，长 2.1cm，宽 1.2cm，先端近圆形，具 5 条脉；唇瓣中部以上淡紫红色，中部以下金黄色，近圆形或宽倒卵形，长约等于宽，2cm，中部以下两侧围抱蕊柱，上面密布短柔毛；蕊柱白色，前面具 2 条紫红色条纹，长约 3mm；药帽近圆锥形，顶端收狭而向前弯，前端边缘具细齿。

花期 3 ～ 4 月。

地理分布和生境：产云南南部至西南部（勐海、勐腊、镇康、沧源、芒市、瑞丽、陇川、盈江）、贵州西南部（兴义、罗甸）。生于海拔 1000 ～ 1800m 的山地疏林中树干上或山谷岩石上。分布于印度、尼泊尔、锡金、不丹、缅甸、泰国、老挝、越南。

资源利用及开发推广：药用同铁皮石斛。

花

一百一十七、玫瑰石斛

学名：*Dendrobium crepidatum* Lindl. ex Paxt.。

异名：靴底石斛、大黄草。

科属：兰科 Orchidaceae，石斛属 *Dendrobium*。

标本来源：附生兰，芒市、瑞丽、陇川、盈江，生于海拔 900 ～ 1200m 亚热带雨林阔叶树上。

花、茎

形态和习性：茎悬垂，肉质状肥厚，青绿色，圆柱形，通常长 30 ～ 40cm，粗约 1cm，基部稍收狭，不分枝，具多节，节间长 3 ～ 4cm，被绿色和白色条纹的鞘，干后紫铜色。叶近革质，狭披针形，长 5 ～ 10cm，宽 1 ～ 1.25cm，先端渐尖，基部具抱茎的膜质鞘。总状花序很短，从落了叶的老茎上部发出，具 1 ～ 4 朵花；花序柄长约 3mm，基部被 3 ～ 4 枚干膜质的鞘；花苞片卵形，长约 4mm，先端锐尖；花梗和子房淡紫红色，长约 3.5cm；花质地厚，开展；萼片和花瓣白色，中上部淡紫色，干后蜡质状；中萼片近椭圆形，长 2.1cm，宽 1cm，先端钝，具 5 条脉；侧萼片卵状长圆形，与中萼片近等大，先端钝，基部歪斜，具 5 条脉，在背面其中肋多少龙骨状隆起；萼囊小，近球形，长约 5mm；花瓣宽倒卵形，长 2.1cm，宽 1.2cm，先端近圆形，具 5 条脉；唇瓣中部以上淡紫红色，中部以下金黄色，近圆形或宽倒卵形，长约等于宽，2cm，中部以下两侧围抱蕊柱，上面密布短柔毛；蕊柱白色，前面具 2 条紫红色条纹，长约 3mm；药帽近圆锥形，顶端收狭而向前弯，前端边缘具细齿。

花期 3 ～ 4 月。

地理分布和生境：产云南南部至西南部（勐海、勐腊、镇康、沧源）、贵州西南部（兴义、罗甸）、云南西南部（芒市、瑞丽、陇川、盈江）。生于海拔 1000 ～ 1800m 的山地疏林中树干上或山谷岩石上。分布于印度、尼泊尔、锡金、不丹、缅甸、泰国、老挝、越南。

资源利用及开发推广：同铁皮石斛。

一百一十八、流苏石斛

学名：*Dendrobium fimbriatum* Hook.。

异名：无。

科属：兰科 Orchidaceae，石斛属 *Dendrobium*。

标本来源：附生兰，各市县附生于海拔 1000～1700m 树干或山谷岩石上。

形态和习性：茎粗壮，斜立或下垂，质地硬，圆柱形或有时基部上方稍呈纺锤形，长 50～100cm，粗 8～12（20）mm，不分枝，具多数节，干后淡黄色或淡黄褐色，节间长 3.5～4.8cm，具多数纵槽。叶二列，革质，长圆形或长圆状披针形，长 8～15.5cm，宽 2～3.6cm，先端急尖，有时稍 2 裂，基部具紧抱于茎的革质鞘。总状花序长 5～15cm，疏生 6～12 朵花；花序轴较细，多少弯曲；花序柄长 2～4cm，基部被数枚套叠的鞘；鞘膜质，筒状，位于基部的最短，长约 3mm，顶端的最长，达 1cm；花苞片膜质，卵状三角形，长 3～5mm，先端锐尖；花梗和子房浅绿色，长 2.5～3cm；花金黄色，质地薄，开展，稍具香气；中萼片长圆形，长 1.3～1.8cm，宽 6～8mm，先端钝，边缘全缘，具 5 条脉；侧萼片卵状披针形，与中萼片等长而稍较狭，先端钝，基部歪斜，全缘，具 5 条脉；萼囊近圆形，长约 3mm；花瓣长圆状椭圆形，长 1.2～1.9cm，宽 7～10mm，先端钝，边缘微啮蚀状，具 5 条脉；唇瓣比萼片和花瓣的颜色深，近圆形，长 15～20mm，基部两侧具紫红色条纹并且收狭为长约 3mm 的爪，边缘具复流苏，唇盘具 1 个新月形横生的深紫色斑块，上面密布短绒毛；蕊柱黄色，长约 2mm，具长约 4mm 的蕊柱足；药帽黄色，圆锥形，光滑，前端边缘具细齿。

花期 4～6 月。

地理分布和生境：产广西南部至西北部（天峨、凌云、田林、龙州、天等、隆林、东兰、武鸣、靖西、南丹）、贵州南部至西南部（罗甸、兴义、独山）、云南东南部至西南部（西畴、蒙自、石屏、富民、思茅、勐海、沧源、镇康、芒市、瑞丽、盈江、陇川、梁河）。生于海拔 600～1700m，密林中树干上或山谷阴湿岩石上。分布于印度、尼泊尔、锡金、不丹、缅甸、泰国、越南。模式标本采自尼泊尔。

资源利用及开发推广：药用同铁皮石斛。

花序

一百一十九、聚石斛

学名：*Dendrobium lindleyi* Stendel。

异名：小黄花石斛。

科属：兰科 Orchidaceae，石斛属 *Dendrobium*。

花

标本来源：附生兰，芒市、瑞丽、陇川、盈江，附生于海拔 270 ～ 1600m 树干上。

形态和习性：茎假鳞茎状，密集或丛生，多少两侧压扁状，纺锤形或卵状长圆形，长 1 ～ 5cm，粗 5 ～ 15mm，顶生 1 枚叶，基部收狭，具 4 个棱和 2 ～ 5 个节，干后淡黄褐色并且具光泽；节间长 1 ～ 2cm，被白色膜质鞘。叶革质，长圆形，长 3 ～ 8cm，宽 6 ～ 30mm，先端钝并且微凹，基部收狭，但不下延为鞘，边缘多少波状。总状花序从茎上端发出，远比茎长，长达 27cm，疏生数朵至 10 余朵花；花苞片小，狭卵状三角形，长约 2mm；花梗和子房黄绿色带淡紫色，长 3 ～ 5.5cm；花橘黄色，开展，薄纸质；中萼片卵状披针形，长约 2cm，宽 7 ～ 8mm，先端稍钝；侧萼片与中萼片近等大；萼囊近球形，长约 5mm；花瓣宽椭圆形，长 2cm，宽 1cm，先端圆钝；唇瓣横长圆形或近肾形，通常长约 1.5cm，宽 2cm，不裂，中部以下两侧围抱蕊柱，先端通常回缺，唇盘在中部以下密被短柔毛；蕊柱粗短，长约 4mm；药帽半球形，光滑，前端边缘不整齐。

花期 4 ～ 5 月。

地理分布和生境：产广东（信宜、恩平、罗浮山）、香港、海南（三亚市、陵水、白沙、琼中、澄迈）、广西（西林、大新、龙州、田林、靖田、博白、玉林、百色）、贵州西南部（册亨）、云南西南部（芒市、瑞丽、陇川、盈江）。喜生阳光充裕的疏林中树干上，海拔达 1000m。分布于锡金、不丹、印度、缅甸、泰国、老挝、越南。模式标本采自缅甸。

资源利用及开发推广：观赏同铁皮石斛。

附　录

附表一　德宏地区供遴选开发植物的生物生态特征表

序号	植物中文名（所属科名） 植物拉丁学名	生长型	主要的分布区及立地
1	琴叶风吹楠（肉豆蔻科） *Horsfieldia pandurifolia*	绿乔	芒市、瑞丽、盈江海拔 800m 以下，低山热带雨林上层
2	大叶风吹楠（肉豆蔻科） *Horsfieldia kingii*	绿乔	盈江、瑞丽、潞西海拔 800～1200m，低山热带雨林上层
3	风吹楠（肉豆蔻科） *Horsfieldia glabra*	绿乔	芒市、瑞丽、陇川、盈江海拔 1200m 以下，低山热带雨林上层
4	滇南风吹楠（肉豆蔻科） *Horsfieldia tetratepala*	绿乔	盈江、梁河海拔 650m 以下，低山热带雨林上层
5	红光树（肉豆蔻科） *Knema furfuracea*	绿乔	芒市、瑞丽、陇川、盈江海拔 1000m 以下，低山热带雨林上层
6	大叶藤黄（藤黄科） *Garcinia xanthochymus*	绿大乔	芒市、陇川、盈江、瑞丽海拔 1400m 以下，低山热带雨林上层
7	大果藤黄（藤黄科） *Garcinia pedunculata*	绿大乔	芒市、陇川、盈江、瑞丽海拔 1500m 以下，低山热带雨林上层
8	云南藤黄（藤黄科） *Garcinia yunnanensis*	绿乔	瑞丽、盈江、潞西海拔 1300～1600m，低山热带雨林下层
9	铁力木（藤黄科） *Mesua ferra*	绿大乔	各县市海拔 1000m 以下，低山栽培
10	毗黎勒（使君子科） *Terminalia bellirica*	绿大乔	芒市、盈江、梁河海拔 1350m 以下，低山热带雨林上层、沟谷雨林
11	诃子（使君子科） *Terminalia chebula*	绿大乔	瑞丽、芒市、盈江、梁河海拔 1500m 以下，低山热带雨林上层、沟谷雨林
12	千果榄仁（使君子科） *Terminalia myriocarpa*	绿大乔	芒市、瑞丽、盈江，热带雨林上层树种之一
13	滇榄（橄榄科） *Canarium strictum*	绿大乔	瑞丽、盈江海拔 1100m 以下，低山热带季节雨林、山地雨林上层
14	云南娑罗双（龙脑香科） *Shorea assamica*	绿大乔	盈江海拔 1000m 以下，低山热带雨林上层
15	云南石梓（马鞭草科） *Gmelia arborea*	绿大乔	芒市、瑞丽、陇川海拔 1500m 以下，山地雨林、沟谷雨林上层
16	黄兰（木兰科） *Michelia champaca*	绿大乔	各县市海拔 1500m 以下，低中山、四旁、庭院栽培
17	合果木（木兰科） *Paramichelia baillonii*	绿大乔	瑞丽、陇川、盈江海拔 1100m 以下，山地雨林、沟谷雨林上层
18	细青皮（金缕梅科） *Altingia excelsa*	绿大乔	瑞丽、芒市、盈江海拔 1400m 以下，山地雨林、沟谷雨林上层

序号	植物中文名（所属科名） 植物拉丁学名	生长型	主要的分布区及立地
19	南酸枣（漆树科） *Choerospondias axillaris*	绿大乔	各县市海拔1400m以下，季风林、山地雨林上层
20	直立省藤（棕榈科） *Calamus erectus*	绿大乔	盈江，生于海拔270～600m的季节雨林中
21	重阳木（大戟科） *Bischoffia polycarpa*	绿大乔	各县市河沿海拔1500m以下，季风林、四旁、庭院栽培
22	云南七叶树（七叶树科） *Aesculus wangii*	绿大乔	芒市、瑞丽、陇川、盈江海拔1800m以下，山地季风林上层 或栽培
23	阴香（樟科） *Cinnamomum burmannii*	绿乔	盈江、梁河海拔1800m以下，岩溶山地季风林
24	肉桂（樟科） *Cinnamomum cassia*	绿乔	各县市海拔1000m以下，山地雨林，或栽培
25	细毛樟（樟科） *Cinnamomum tenuipilum*	绿乔	各县市海拔1400m以下，主产在瑞丽江畔山区，山地季风林、次生林、山地雨林
26	潺槁木姜子（樟科） *Litsea glutinosa*	绿乔	各县市海拔1400m以下，山地季风林、次生林、林缘、山地雨林
27	红椿（楝科） *Toona ciliata*	绿大乔	各县市海拔1550m以下，低中山河谷森林，或栽培
28	毛瓣无患子（无患子科） *Sapindus rarak*	绿乔	各县市海拔1600m以下，山地季风林，或栽培
29	顶果树（豆科） *Acrocarpus fraxinifolius*	落大乔	芒市、瑞丽、陇川、盈江海拔1500m以下，河谷雨林、季风林上层
30	滇藏杜英（杜英科） *Elaeocarpus braceanus*	乔木	各市县散生于海拔600～2400m的山坡及沟谷常绿阔叶林中
31	神黄豆（豆科） *Cassia agnes*	落乔	各县市海拔1800m以下，山地季风林、庭院栽培、行道树
32	腊肠树（豆科） *Cassia fistula*	落大乔	各县市海拔1000m上下，低山、四旁、庭院栽培
33	西南木荷（山茶科） *Schima wallichii*	绿大乔	各县市海拔1800m以下，中低山地季风林、次生林上层
34	西桦（桦木科） *Betula alnoides*	落大乔	各县市海拔2100m以下，山地季风林、疏林、次生林
35	糖胶树（夹竹桃科） *Alstonia scholaria*	绿乔	各县市海拔1300m以下，低下次生林或四旁、庭院栽培
36	滇楸（紫葳科） *Catalpa fargesii* Bur. f. *duclouxii*	落乔	芒市、盈江、梁河海拔2000m左右，中山四旁栽培
37	木蝴蝶（紫葳科） *Oroxylum indicum*	落小乔	各县市海拔1200m以下，低山河谷疏林、灌丛
38	喜树（蓝果树科） *Camptotheca aumiata*	落大乔	各县市海拔1800m以下，低中山四旁，行道栽培

续表

序号	植物中文名（所属科名） 植物拉丁学名	生长型	主要的分布区及立地
39	龙竹（禾本科） *Dendrocalamus giganteus*	竹大乔	各县市海拔1000m以下，沿河谷，低湿山地，或栽培，成林或单丛
40	野龙竹（禾本科） *Dendrocalamus semiscandens*	竹中乔	盈江、瑞丽，自然分布在海拔500～1000m地带
41	波罗蜜（桑科） *Artocarpus heterophyllus*	绿乔	各县市海拔1000m以下，低山四旁、园林、行道栽培
42	云南野香橼（芸香科） *Citrus medica* var. *ethrog*	绿灌	各县市海拔1000m以下，低山灌木林，或栽培
43	密花胡颓子（胡颓子科） *Elaeagnus conferta*	绿灌	各县市海拔1500m以下，低中山次生林、灌丛，或栽培
44	油渣果（葫芦科） *Hodgsonia macrocarpa*	木藤	各县市海拔1000m以下，低山雨林林缘、沟谷雨林，或栽培
45	澳洲坚果（山龙眼科） *Macadamia ternifolia*	绿乔	盈江、瑞丽海拔1200m以下，山地季风林区平坝或台地果园式栽培
46	八角（木兰科） *Illicium Verum*	绿乔	各县市海拔1500m左右，低中山栽培
47	滇南美登木（卫矛科） *Maytenus austroyunnanensis*	绿灌	瑞丽、芒市、盈江海拔1000m以下，低山雨林
48	云南萝芙木（夹竹桃科） *Rauvolfia yunnanensis*	绿灌	潞西海拔1300m以下，低中山季风林、山地雨林
49	催吐萝芙木（夹竹桃科） *Rauvolfia vomitoria*	绿灌	潞西海拔1300m以下，引种栽培
50	密蒙花（马钱科） *Buddleia officinalis*	落小乔	各县市海拔1500m左右，低中山四旁，灌丛、次生林、林缘
51	海南龙血树（百合科） *Dracaena cambodiana*	绿乔	芒市、瑞丽、陇川、盈江海拔1000m以下，低山灰岩季节雨林
52	苏铁蕨（乌毛蕨科） *Brainea insignis*	绿蕨灌	各县市海拔1800m以下，低中山阔叶林、荒坡，沟箐边灌丛
53	金毛狗（蚌壳蕨科） *Cibotiun barometz*	绿蕨灌	各县市海拔2000m左右，中山阴湿常绿阔叶林沟箐灌丛、山谷疏林中
54	篦齿苏铁（苏铁科） *Cycas pectinata*	绿小乔	各县市海拔1200m以下，栽培
55	七叶一枝花（百合科） *Paris polyphylla*	根茎草	各县市海拔1500m以上，中山湿性常绿阔叶林
56	滇黄精（百合科） *Polygonatum kingianum*	根茎草	各县市海拔1000m以上，低中山常绿阔叶林
57	卷叶黄精（百合科） *Polygonatum cirrhifolium*	根茎草	各县市海拔1500～2500m的林下、灌丛、林缘、山坡阴湿处、水沟边或岩石上
58	地不容（防己科） *Stephania epigaea*	块根草藤	各县市海拔1800m左右，中山常绿阔叶林、疏林、灌丛、岩溶区
59	大果刺篱木（大风子科） *Flacourtia ramontchi*	绿乔	各县市海拔1700m以下，低中山次生林、疏林

序号	植物中文名（所属科名）植物拉丁学名	生长型	主要的分布区及立地
60	李（蔷薇科）*Prunus salicina*	落小乔	各县市海拔 400～2600m，人工栽培
61	台湾银线兰（兰科）*Anoectochilus formosanus*	草本	各县市海拔 600～1800m 的林下
62	萼翅藤（使君子科）*Calycopteris floribunda*	藤本	产云南盈江（那邦），在海拔 300～600m 的季雨林中或林缘常见，也开始驯化人工栽培
63	柠檬（芸香科）*Citrus limon*	小乔木	芒市、瑞丽、陇川、盈江，引种栽培
64	小粒咖啡（茜草科）*Coffea arabica*	灌木	各县市均有引种栽培
65	鳄梨（樟科）*Persea americana*	绿乔	瑞丽少量引种栽培
66	守宫木（大戟科）*Sauropus androgynus*	灌木	芒市、盈江、瑞丽人工栽培
67	刺花椒（芸香科）*Zanthoxylum acanthopodium*	灌木	各县市海拔 850～2000m 的疏林
68	刺五加（五加科）*Acanthopanax senticosus*	灌木	芒市、瑞丽、陇川生于林下，栽培
69	木薯（大戟科）*Manihot esculenta*	灌木	各县市均有栽培
70	龙舌兰（龙舌兰科）*Agave americana*	多年生草本	各县市常作围篱或盆栽
71	珠芽磨芋（天南星科）*Amorphophallus bulbifer*	多年生草本	芒市、瑞丽、盈江、陇川，生于海拔 350～900m 林下
72	郁金（姜科）*Curcuma aromatica*	多年生草本	各县市海拔 360～1900m 的荒地、林下
73	川芎（伞形科）*Ligusticum chuanxiong*	多年生草本	各县市栽培植物
74	鸡桑（桑科）*Morus australis*	灌木或小乔木	德宏州各县市石灰岩的悬崖或山坡上均有分布，常生于海拔 500～1000m 石灰岩山地或林缘及荒地
75	白花蛇舌草（茜草科）*Hedyotis diffusa*	一年生草本	各县市海拔 850～1900m 的旷野、路旁
76	香蓼（蓼科）*Polygonum viscosum*	一年生草本	芒市、瑞丽、陇川、盈江，路边湿地
77	积雪草（伞形科）*Centella asiatica*	多年生草本	各县市海拔 900～1300m 的湿地
78	中华水芹（伞形科）*Oenanthe sinensis*	多年生草本	各县市，生于水田沼地及山坡路旁湿地
79	藿香（唇形科）*Agastache rugosa*	多年生草本	各县市均有栽培
80	赪桐（马鞭草科）*Clerodendrum japonicum*	灌木	全州各县市，生于海拔 260～1400m 栽培或野生

序号	植物中文名（所属科名） 植物拉丁学名	生长型	主要的分布区及立地
81	刺芹（伞形科） *Eryngium foetidum*	草本	各县市，通常生长在海拔 100～1540m 的丘陵、山地林下、路旁、沟边等湿润处
82	罗勒（唇形科） *Ocimum basilicum*	草本	瑞丽、芒市、陇川、盈江，栽培或野生
83	咖啡黄葵（锦葵科） *Abelmoschus esculentus*	一年生 草本	各县市海拔 800～1040m，栽培
84	喙荚云实（豆科） *Caesalpinia minax*	有刺藤本	各县市海拔 700～1400m 的山坡林中或灌丛中，路边
85	马蹄香（马兜铃科） *Saruma henryi*	多年生 草本	盈江县生于海拔 600～1600m 山谷林下和沟边草丛中
86	千针万线草（石竹科） *Stellaria yunnanensis*	草本	陇川、盈江，海拔 1100～2200m 的路边、草坡
87	笔管草（木贼科） *Equisetum ramosissimum*	多年生 草本	各县海拔 2300m 以下的山坡湿地或疏林地、稻田、水渠、河床，沟箐灌丛
88	半月形铁线蕨（铁线蕨科） *Adiantum philippense*	多年生 草本	芒市、瑞丽、盈江、梁河，海拔 1700m 以下的林缘、溪边阴湿处、疏林下以及岩石上
89	少花龙葵（茄科） *Solanum photeinocarpum*	一年生 草本	全州各县市，生于房前屋后、旷地
90	山柰（姜科） *Kaempferia galanga*	多年生 草本	各县市热带林下野生或栽培
91	竹叶子（鸭跖草科） *Streptolirion volubile*	多年生 草本	各县市，生于海拔 1100～3000m 的山谷、杂林或密林下
92	薄荷（唇形科） *Mentha haplocalyx*	多年生 草本	各县市，生于海拔 800～1500m 的水边潮湿地，栽培
93	宽叶荨麻（荨麻科） *Urtica laetevirens*	草本	各市县，生于沟边、湿地
94	大花菟丝子（旋花科） *Cuscuta reflexa*	寄生草本	全州各县市，寄生于海拔 900～2800m 的路旁或沟边灌丛
95	菟丝子（旋花科） *Cuscuta chinensis*	一年生寄 生草本	全州各县市，寄生于海拔 900～3000m 的植物上
96	金灯藤（旋花科） *Cuscuta japonica*	寄生草质 藤本	瑞丽、陇川、盈江，寄生于海拔 700～2000m 的植物上
97	铁皮石斛（兰科） *Dendrobium officinale*	多年附 生草本	各县市，海拔 2500m 以下低中山湿性常绿阔叶林
98	球花石斛（兰科） *Dendrobium thyrsiflorum*	多年附 生草本	各县市海拔 700～2000m 的亚热带山林，附生在树木上
99	杯鞘石斛（兰科） *Dendrobium gratiosissimum*	多年附 生草本	各县市，生于海拔 800～1700m 的山地疏林中树干上
100	兜唇石斛（兰科） *Dendrobium aphyllum*	多年附 生草本	各县市，生于海拔 400～1500m 的疏林中树干上或山谷岩石上
101	鼓槌石斛（兰科） *Dendrobium chrysotoxum*	多年附 生草本	各县市，附生于海拔 500～1300m 的树干或岩石上

序号	植物中文名（所属科名） 植物拉丁学名	生长型	主要的分布区及立地
102	齿瓣石斛（兰科） *Dendrobium devonianum*	多年附 生草本	陇川、盈江，附生于海拔 700～2500m 的树干上
103	晶帽石斛（兰科） *Dendrobium crystallinum*	多年附 生草本	瑞丽，附生于海拔 1100～1700m 山地林中树干上
104	钩状石斛（兰科） *Dendrobium aduncum*	多年附 生草本	各县市，附生于海拔 700～1000m 的山地林中树干上
105	梳唇石斛（兰科） *Dendrobium strongylanthum*	多年附 生草本	芒市、瑞丽、盈江、陇川，附生于海拔 1120～2300m 的树干上
106	报春石斛（兰科） *Dendrobium primulinum*	多年附 生草本	盈江，附生于海拔 700～1500m 的常绿阔叶林、次生杂木林中
107	翅萼石斛（兰科） *Dendrobium cariniferum*	多年附 生草本	瑞丽，附生于海拔 1100～1700m 的山地林中树干上
108	大苞鞘石斛（兰科） *Dendrobium wardianum*	多年附 生草本	盈江，附生于海拔 1400～1900m 的季风常绿阔叶林中
109	叠鞘石斛（兰科） *Dendrobium aurantiacum*	多年附 生草本	瑞丽、陇川，附生于海拔 1340m 的季风常绿阔叶林中
110	尖刀唇石斛（兰科） *Dendrobium heterocarpum*	多年附 生草本	芒市、瑞丽，附生于海拔 1500～1750m 的树干上
111	石斛（兰科） *Dendrobium nobile*	多年附 生草本	各县市，附生于海拔 820～1000m 的树干或岩石上
112	束花石斛（兰科） *Dendrobium chrysanthum*	多年附 生草本	陇川、盈江，附生于海拔 700～1800m 的季风常绿阔叶林中
113	杓唇石斛（兰科） *Dendrobium moschatum*	多年附 生草本	瑞丽，附生于海拔 1300m 的疏林树干上
114	重唇石斛（兰科） *Dendrobium hercoglossum*	多年附 生草本	芒市、瑞丽、陇川、盈江，附生于 800～1300m 的湿润岩石及树干上
115	细叶石斛（兰科） *Dendrobium hancockii*	多年附 生草本	盈江附生于海拔 700～1000m 的林下岩石上
116	美花石斛（兰科） *Dendrobium loddigesii*	多年附 生草本	芒市、瑞丽、陇川、盈江，附生于海拔 400～1400m 的树干和林下岩石上
117	玫瑰石斛（兰科） *Dendrobium crepidatum*	多年附 生草本	芒市、瑞丽、陇川、盈江，附生于海拔 900～1200m 的亚热带雨林阔叶树上
118	流苏石斛（兰科） *Dendrobium fimbriatum*	多年附 生草本	各市县，附生于海拔 1000～1700m 的树干或山谷岩石上
119	聚石斛（兰科） *Dendrobium lindleyi*	多年附 生草本	芒市、瑞丽、陇川、盈江，附生于海拔 270～1600m 的树干上

注：表中生长型按 R. H. Whittaker 标准（1978），乔—乔木，大乔—高过 30m，小乔—高不过 8m，灌—灌木，竹—竹类，草—草本，蕨—蕨类，藤—藤本，绿—常绿，落—落叶。

附表二　德宏地区供遴选开发的植物资源状况表

序号	植物种类	资源类型及价值										
		木材	油脂新能源	精油与化妆品	淀粉	纤维	脂、胶	药物原料	保健及新功能食品	观赏植物	鞣料染料	种质
1	琴叶风吹楠	○	○									○
2	大叶风吹楠	○	○									○
3	风吹楠	○	○					+				○
4	滇南风吹楠	○	○									○
5	红光树	○	○				△					○
6	大叶藤黄	○	○			○	△	△	○	○		
7	大果藤黄	○						△	+	○		
8	云南藤黄	○						△	○	○		+
9	铁力木	○		△	△		△	+		△		○
10	毗黎勒	○	○			△	△	○	○	△	+	
11	诃子	○	○			△	+	○	○	△	+	
12	千果榄仁	○						+		○		
13	滇榄	○	△				△	○	○			○
14	云南娑罗双	○										○
15	云南石梓	○		+			+		△	○		○
16	黄兰	○	△	△				△		○		
17	合果木	○		+				△		△		○
18	细青皮	○		+			+	○	+			
19	南酸枣	○				△	△	○	○	○		
20	直立省藤					△				△		

续表

序号	植物种类	资源类型及价值										
		木材	油脂新能源	精油与化妆品	淀粉	纤维	脂、胶	药物原料	保健及新功能食品	观赏植物	鞣料染料	种质
21	重阳木	○	△			△	△	△	△	○		
22	云南七叶树	○	△		+		+	△		○		○
23	阴香	○	△	○				○	△	○		
24	肉桂	○		○				○	○	○		
25	细毛樟	○	○	○				+	+	○		
26	潺槁木姜子	○	△	△			△	△				
27	红椿	○				△	○					○
28	毛瓣无患子	○	△			○		○				
29	顶果树	○				○				○		○
30	滇藏杜英							○	○			
31	神黄豆							△		○		
32	腊肠树	○				△	△	△	△	○		
33	西南木荷	○						△		○		
34	西桦	○				○	△	△			○	
35	糖胶树	△					○	○	△	○		
36	滇楸	○						△	△	○		
37	木蝴蝶	△				△		○		○		
38	喜树	○						○		○		○
39	龙竹	○				○			+	○		
40	野龙竹	○				○			+	○		
41	波罗蜜	○					△	○	○	○		
42	云南野香橼			△				△	○	○		○

续表

序号	植物种类	资源类型及价值										
		木材	油脂新能源	精油与化妆品	淀粉	纤维	脂、胶	药物原料	保健及新功能食品	观赏植物	鞣料染料	种质
43	密花胡颓子							○	○	△		
44	油渣果		○					△	○	△		
45	澳洲坚果	△	○	○		○		○	○	○		
46	八角	△		○				△	○	△		
47	滇南美登木		△					○				
48	云南萝芙木							○				○
49	催吐萝芙木							○				
50	密蒙花			△				○	△	△		
51	海南龙血树						○	○		○		○
52	苏铁蕨							○		○		○
53	金毛狗				+			○	+			○
54	篦叶苏铁				○			○	+	○		○
55	七叶一枝花							○				○
56	滇黄精							○	△	+		
57	卷叶黄精							○	△	+		
58	地不容							○		○		
59	大果刺篱木	△						△	○	△		
60	李						○	△	△			
61	台湾银线兰							△	△			
62	蓊翅藤							+				○
63	柠檬 （芸香科）			△				△	△			
64	小粒咖啡				+				△			

续表

序号	植物种类	资源类型及价值										
		木材	油脂新能源	精油与化妆品	淀粉	纤维	脂、胶	药物原料	保健及新功能食品	观赏植物	鞣料染料	种质
65	鳄梨		△	△				△	△	△		
66	守宫木							△	△	△		
67	刺花椒						+	△				
68	刺五加		+				+	△	△	△		
69	木薯				△							
70	龙舌兰					△		+	+	△		
71	珠芽磨芋				△							
72	郁金							△			△	
73	川芎		+					△	△			
74	鸡桑		+			△		△	△			
75	白花蛇舌草							△				
76	香蓼			+				○				
77	积雪草		+					△	+	○		
78	中华水芹							△				
79	藿香			△				△				
80	赪桐							△		△		
81	刺芹			○				△	△			
82	罗勒			+				△				
83	咖啡黄葵			+				△	△			
84	喙荚云实							○				
85	马蹄香							○				
86	千针万线草							○				

续表

序号	植物种类	资源类型及价值										
		木材	油脂新能源	精油与化妆品	淀粉	纤维	脂、胶	药物原料	保健及新功能食品	观赏植物	鞣料染料	种质
87	笔管草							+				
88	半月形铁线蕨							+		○		
89	少花龙葵							+	△			
90	山奈		△					△				
91	竹叶子											
92	薄荷			△				△	○			
93	宽叶荨麻							△	○			
94	大花菟丝子							△				
95	菟丝子							△				
96	金灯藤							△				
97	铁皮石斛							○	△	○		○
98	球花石斛							○	△	○		
99	杯鞘石斛							+	○	+		
100	兜唇石斛							+	○	+		
101	鼓槌石斛							○	△	△		
102	齿瓣石斛							○	○	○		
103	晶帽石斛							+	+	+		
104	钩状石斛							+	+	+		
105	梳唇石斛							+	+	+		
106	报春石斛							○	+	+		
107	翅萼石斛							+	+	+		
108	大苞鞘石斛							+	+	+		

续表

序号	植物种类	资源类型及价值										
		木材	油脂新能源	精油与化妆品	淀粉	纤维	脂、胶	药物原料	保健及新功能食品	观赏植物	鞣料染料	种质
109	叠鞘石斛							+	+	+		
110	尖刀唇石斛							+	+	+		
111	石斛							○	○	○		
112	束花石斛							+	+	+		
113	杓唇石斛							+	+	+		
114	重唇石斛							+	+	+		
115	细叶石斛							○	○	+		
116	美花石斛							○	○	+		
117	玫瑰石斛							○	+	+		
118	流苏石斛							○	+	+		
119	聚石斛							+	+	○		

注：表中"资源类型"按资源用途分类，共分九类。各类"价值"按三级划分，"+"—确有植物资源意义；"△"—已在开发应用的植物资源；"○"—已有市场价值的植物资源。

参 考 文 献

《全国中草药汇编》编写组，1992. 全国中草药汇编（上、下）[M]. 北京：人民出版社.

《云南植被》编写组，1987. 云南植被 [M]. 北京：科学出版社.

《中国树木志》编委会，1997～2004，中国树木志（1～4卷）[M]. 北京：中国林业出版社.

《中国油脂植物》编写委员会，1987. 中国油脂植物 [M]. 北京：科学出版社.

陈俊愉，等，1990. 中国农经 [M]. 上海：上海文化出版社.

程必强，等，1995. 云南热带、亚热带香料植物 [M]. 昆明：云南大学出版社.

程必强，等，1997. 中国樟属植物资源及其芳香成分 [M]. 昆明：云南科技出版社.

贺熙勇，陶丽，肖晓明，等，2013. 澳洲坚果品种"O.C"及其栽培技术 [J]. 中国南方果树，42（6）.

季丰，李占林，牛生吏，等，2012. 大叶藤黄茎皮化学成分研究 [J]. 中国药物化学杂志，22（6）：507-510.

黎光雨，1990. 云南中药志（Ⅰ）[M]. 昆明：云南科技出版社.

李桂琳，白燕冰，周候光，等，2014. 云南德宏石斛观赏性评价 [J]. 热带农业科技，37（4）：36-40

刘世龙，等，2009. 云南德宏州高等植物（上、下）[M]. 北京：科学出版社.

罗天浩，1994. 森林药物资源学 [M]. 北京：国际文化出版公司.

毛鑫，夏青，孙雪飞，等，2014. 诃子的现代研究概况及应用前景分析 [C]. 中华中医药学会中药化学分会第九届学术年会论文集（第一册）：223-229.

孟和阿木古浪，2016. 诃子抗氧化活性部位提取及油脂抗氧化作用研究 [D]. 呼和浩特：内蒙古大学.

亓旗，催雅萍，梁文仪，等，2016. 藏药余甘子与诃子化学和药理作用比较 [J]. 世界科学技术－中医药现代化：藏药余甘子的药理作用研究，18（7）：1171-1176.

吴裕，毛常丽，张凤良，等，2015. 红光树属3个种的种子脂肪酸测定 [J]. 热带农业科技，38（3）：28-41.

吴裕，毛常丽，张凤良，等，2015. 琴叶风吹楠（肉豆蔻科）分类学位置再研究 [J]. 植物研究，35（5）：652-659.

吴征镒，等，2011. 中国种子植物区系地理 [M]. 北京：科学出版社.

谢春华，邓文华，管志斌，等. 2009. 濒危植物千果榄仁的生物学特性及迁地保护技术 [J]. 广西林业科学，38（4）：250-251.

许玉兰，吴裕，张夸云，等，2010. 珍稀油料树种琴叶风吹楠种子含油量及脂肪酸成分分析 [J]. 贵州农业科学，38（7）：163-166.

杨雁，2016. 诃子化学成分、生物活性及分析方法研究进展 [J]. 西藏科技，（9）：34-39.

余潇，邓莉兰，杨自云，等，2017. 瑞丽市珍稀植物千果榄仁资源调查及园林应用 [J]. 湖北民族学院学报（自然科学版），38（4）：97-100.

俞德浚，等，1979.中国果树分类学 [M].北京：农学出版社．

云南科学技术委员会，1987.云南生物资源合理开发利用论文集 [M].昆明：云南人民出版社．

云南林学院，1988.云南树木图志（上、中、下）[M].昆明：云南科技出版社．

云南省林业科学研究所，1985.云南主要树种造林技术 [M].昆明：云南人民出版社．

云南省林业科学院，1996.热区造林树种研究论文集 [M].昆明：云南科技出版社．

云南省林业厅，1996.云南重要林木种质资源 [M].昆明：云南科技出版社．

张茂钦，1998.云南珍稀濒危树种生态生物学研究 [M].昆明：云南大学出版社．

中国科学院昆明植物研究所，1984.云南种子植物名录（上、下）[M].昆明：云南人民出版社．

中国科学院植物研究所，1996.新编拉汉英植物名称 [M].北京：航空工业出版社．

中国科学院植物研究所植物化学研究室油脂组，1973.中国油脂植物手册 [M].北京：科学出版社．